ENGINEERING FOR TEENS

10대를 위한
나의 첫 공학 수업

ENGINEERING FOR TEENS

패멀라 매컬리 지음 | 김주희 옮김

시프

Engineering for Teens by Pamela McCauley

목차

4장: 전기공학

들어가는 말

2015년 저는 미국 국무부에 채용되어 개발도상국 에이즈 환자 치료에 최첨단 의료 기술을 적용하는 일을 맡았습니다. 이 일을 진행하면서 아프리카의 여러 나라와 태국에 방문했었지요. 이때 한 나라에서 STEM(Science 과학, Technology 기술, Engineering 공학, Mathematics 수학) 교육에 관심이 있는 젊은 여성 대상으로 강연을 해달라고 제게 요청했습니다. 그 강연에서 저는 수학과 과학을 공부하는 것, 그리고 학교에 열심히 다니는 것이 얼마나 중요한지 젊은 여성들에게 설명했습니다. 그러자 청중 한 명이 손을 들더니, 학교에서 열심히 공부했었지만 돈이 부족해 더는 학교에 다니지 못하고 있다고 고백했습니다.

충격적인 동시에 안타깝게도, 이 젊은 여성의 이야기가 그리 특별하지 않다는 사실을 나중에야 깨달았습니다. 전 세계 수많은 젊은 여성이 학교에 다닐 기회를 얻지 못하며, 돈을 벌기 위해 학업을 포기하고 일자리를 구하기도 합니다. 생존하려다가 혹은 교육을 받으려다가 위험한 상황에 빠지는 여성들도 있습니다. 당시 저는 제가 가진 공학 지식을 활용해 여성이 교육이나 의료 분야에 접근할 수 있도록 돕는다면, 여성의 삶도 덩달아 변화하리라 생각했습니다. 그러한 국제적인 프로젝트를 진행하면서 공학 지식의 막강한 영향력을 어느 때보다 절실히 느끼기도 했지요. 하지만 넘어야 할 산은 무척 많았습니다.

저는 지난 30년간 세계를 누비며 각계각층의 사람을 만나고, 공학자들을 지원하고, 세상을 더 나은 곳으로 만들기 위해 제가 가진 지식과 열정을 나누면서, 이 놀라운 공학 분야에 많은 사람을 계속 끌어들이고 싶다고 생각했습니다. 오늘날 지구에 남겨진 거대한 과제를 해결할 기술력을 갖춘 인재가 그 어느 때보다도 절실합니다. 과학 난제 또는 유엔이 정한 지속가능한 발전 목표에 대해 들어본 적이 있을 것입니다. 그러한 문제들을 해결하려면 참신한 공학적 사고와 창의력이 필요합니다. 유엔은 회원국 193개국이 2050년까지 지속가능한 발전 목표를 달성해 지금보다 더욱 살기 좋은 지구를 만든다는 목표를 세웠습니다.

유엔이 제시한 목표는 공학 및 기술 분야의 전문 지식을 토대로 이루어질 것입니다. 현재 중학교와 고등학교에서 공부하고 있을 미래의 공학자들이 세상을 더욱 건강하고, 편리하고, 깨끗하고, 안전하게 만들 공학적 혁신을 주도할 것입니다. 나는 여러분이 이 책을 읽고 공학자에게 어떠한 잠재력이 있는지 알게 되기를 바랍니다. 또 이 책에 수록된 풍성한 자료를 활용해 여러분이 배운 내용을 다른 사람과 공유하며 공학 지식을 넓혀 나가기를 기대합니다. 그리고 친구와 함께 책을 읽으면서 각 장이 끝날 때마다 소감을 나눴으면 합니다.

마지막으로, 공학이라는 세계가 얼마나 멋진지 친구와 가족에게 알려주고 소셜 미디어에도 공유하세요. 그럴수록 세상을 바꾼다는 목표를 향해 정진하는 공학도들이 점점 많아질 것입니다. 미래의 공학자 여러분, 기대하세요. 그리고 세상에 변화를 일으킬 준비가 되었다면 페이지를 넘기세요!

1장

공학의 세계로 초대합니다

휴대폰을 요모조모 살펴봅시다. 우리는 휴대폰으로 전화를 걸고, 문자 메시지와 이메일을 보내고, 화상 채팅을 합니다. 음악을 녹음하고 영상을 찍어서 앱에 올리기도 하지요. 걷거나 운전하면서 길을 찾고, 음식을 주문하고, 가까운 카페와 주유소를 검색하고, 게임을 하고, 음악과 팟캐스트를 듣고, 뉴스를 읽고, 전 세계 사람들과 소통도 합니다. 휴대폰은 현대사회에 꼭 필요한 존재가 되었지만, 오늘날 휴대폰을 낳은 혁신을 아는 사람은 거의 없습니다. 사실상 화학공학, 전기공학, 토목공학,

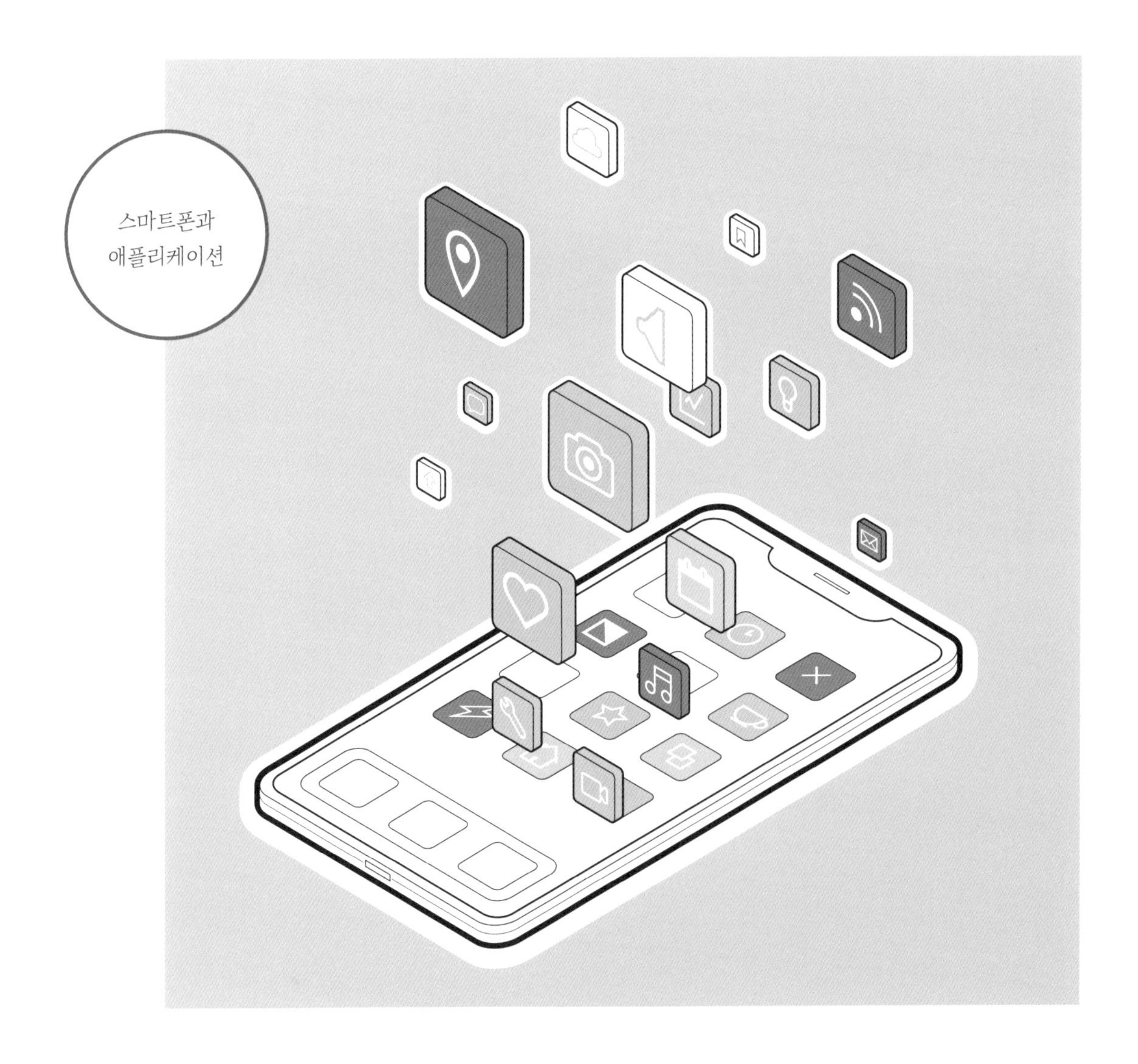

스마트폰과
애플리케이션

재료공학, 기계공학이 비약적으로 발전하지 않았다면 휴대폰은 탄생하지 못했을 것입니다.

스마트폰에는 주기율표 속 비방사성 원소의 약 84퍼센트가 들어있는데, 60개 이상이 금속 원소입니다. 그중 일부는 희토류(란타넘족 원소 15개와 스칸듐, 이트륨을 합쳐 총 17개의 원소를 일컫는 말. 농축되지 않은 형태로는 지구 지각에 풍부하지만, 광물 형태로는 매장량이 적어서 붙은 명칭_옮긴이) 금속이지요. 화학공학자는 어느 원소를 어떻게 사용해야 하는지 연구합니다.

전기공학자는 휴대폰을 포함한 모든 전자 제품에 내장된 회로와 부품을 설계합니다. 재료공학자는 휴대폰 덮개에 쓰이는 다양한 재료, 이를테면 휴대폰이 자동차에 깔려도 작동할 만큼 견고한 재료를 개발합니다. 그리고 기계공학자는 모든 회로를 제자리에 고정하고 보호하는 덮개를 설계하지요.

우리는 이따금 휴대폰을 대수롭지 않게 여기고, 그저 제대로 작동하기만을 바랍니다. 그렇지요? 전 세계 수많은 사람들도 마찬가지입니다. 그 결과, 최근 몇 년 사이 광대역 무선 통신망으로 전송되는 데이터가 폭발적으로 증가했습니다. 휴대폰 통신사들은 증가한 데이터를 관리하는 새로운 방법을 끊임없이 찾고 있습니다. 그와 동시에 고객이 더 많은 데이터를 쓰도록 유도할 선택형 상품을 개발하고 있지요. 증가하는 데이터 수요를 따라잡기 위해 추가 장비를 설치하기도 합니다. 현재 통신망과 앞으로 개발될 통신 기술을 뒷받침하는 일은 토목공학자와 구조공학자의 몫입니다. 통신 기술은 전화를 걸어야 할 때도 중요하지만, 인터넷에 접속해야 할 때 더더욱 중요합니다. 예를 들어 구급대원은 현장에서 환자를 처치하는 데 정보가 필요하면 휴대폰으로 검색할 것입니다. 허리케인이나 토네이도 같은 자연재해가 발생하면, 주민들은 휴대폰으로 계속해서 연락을 주고받겠지요. 이런 상상도 해봅시다. 인터넷이 없었다면, 여러분은 코로나19(COVID-19)가 유행하는 동안 어떠한 일을 겪었을까요?

공학이란 무엇인가요?

공학은 수학, 과학, 창의력을 동원해 인류와 사회에 이익을 창출할 문제 해결책을 고안하는 학문입니다. 공학자는 아이디어, 개념, 이론을 바탕으로 과학적·창의적으로 생각해 머릿속 생각을 현실에 구현하는 과학자이자 개발자, 발명가, 혁신가, 탐험가입니다. 공학자는 우리에게 정말 많은 혜택을 안겨주지요. 이번 주에 사용하고 소비한 물건을 떠올려봅시다. 집 안 전등. 집 앞에 주차한 자동차와 차가 달리는 도로. 컴퓨터, TV, 다양한 가전제품. 먹고 마신 음식과 물. 복용한 약. 입은 옷과 사용한 운동 장비들. 이 모든 것들의 이면에는 공학자가 있을 가능성이 매우 큽니다.

그럼 공학자가 되면 어떤 일을 할까요? 공학자는 언제나 다양한 분야의 재능 있는 혁신가들과 긴밀하게 협력해 문제를 해결하거나 새롭고 흥미로운 것을 개발합니다. 이를테면 무인 자동차를 설계하고, 휴대폰 통신에 필요한 컴퓨터 기술을 개발하고, 허리케인에도 끄떡없는 다리를 건설하지요. 이와 같은 일을 하려면 공학자는 수학과 과학, 때로는 의학과 같은 전문 지식을 공부해서 물리적인 체계나 가상 체계를 개발하고 개선하는 방식을 익혀야 합니다.

오늘날 의료공학자는 인공 팔다리와 시청각 보조 장치를 개발합니다. 컴퓨터공학자와 소프트웨어 공학자는 수천 킬로미터 밖 사람들과도 소통하게 해주는 이동 통신 기술과 전 세계 통신망을 설계합니다. 그 덕분에 원격진료가 가능해졌고, 당장 병원에 가지 못하는 환자도 진료를 받을 수 있게 되었지요. 교통공학은 가는 데 몇 주, 심지어 몇 달이 걸리던 지역까지 하루도 채 지나지 않아 도착하게 해줍니다.

공학의 역사

공학은 수천 년간 사회에 막대한 영향을 끼쳤으며, 그 뿌리는 고대로 거슬러 올라갑니다. 고대 이집트에 살았던 혁신가 임호텝(Imhotep)은 최초의 공학자로 널리 알려져 있습니다. 그는 이집트 사카라(Saqqara) 지역에 세계에서 가장 오래된 석조 건축물인 계단식 피라미드를 설계했지요. 임호텝이 고안한 피라미드의 원리는 고대 그리스로마 시대부터 현대에 이르는 전 세계 공학자들에게 영감을 주었습니다.

문명이 발달함에 따라 사람들은 주위 환경을 정비하기 시작했습니다. 역사적으로 문명사회는 농촌 마을에서 소도시로, 소도시에서 거대 도시로 성장했지요. 이처럼 도시가 성장할 수 있었던 것은 대부분 공학자가 설계하고 만든 도로와 배 덕분이었습니다. 거대 도시가 생겨나면서, 해결해야 할 새로운 문제와 도전 과제도 등장했습니다. 당시 문제를 해결하는 과정에 공학 원리를 도입한 사람들을 공학자라고 부르지는 않았지만, 공학 분야의 선구자로 볼 수 있습니다. 그 선구자들 가운데 특별히 주목해야 할 인물이 필리포 브루넬레스키(Filippo Brunelleschi)와 갈릴레오 갈릴레이(Galileo Galilei)입니다.

필리포 브루넬레스키(1377~1446)는 이탈리아의 건축가로, 역사를 통틀어 가장 아름다우면서 구조적으로 까다로운 건축물을 지었습니다. 피렌체 명물인 산타 마리아 델 피오레 성당의 돔 지붕이지요. 돔을 세우는 건 어려웠습니다. 변형률과 변형력, 장력과 압축력에 관한 공학적 개념이 제대로 이해되기 전이었으니까요. 많은 사람이 모르타르가 굳기 전에 돔이 제 무게를 견디지 못하고 무너지리라 생각했습니다.

더구나 당시에는 그만큼 큰 돔이 없었으니 참고할 만한 것도 없었지요.

브루넬레스키는 고대 건축을 공부해 고대 이집트인과 그리스인이 고안한 수학 원리를 돔 건축에 적용했습니다. 그리고 돔이 지어지는 동안 돔 자체 무게를 지탱할 반구형 돔을 설계한다는 방안을 마련했습니다. 벽돌을 꼭대기로 들어 옮기는 새로운 장치도 개발했습니다. 많은 계단을 오르내리는 데 드는 시간과 에너지를 아끼기 위해, 돔 건설 현장으로 점심식사를 가져가도록 인부들을 격려하면서 탁월한 프로젝트 관리 능력도 보여주었지요. 겉보기엔 사소해 보이지만, 브루넬레스키의 접근법은 오늘날까지 전문 분야 곳곳에서 공학적 문제 해결 도구로 활용되고 있습니다.

갈릴레오 갈릴레이(1564~1642)는 역사학자들이 과학 혁명이라 부르는 급격한 혁신의 시대에 두각을 나타낸 인물입니다. 갈릴레이는 역학이 상식에 기반한 추론이

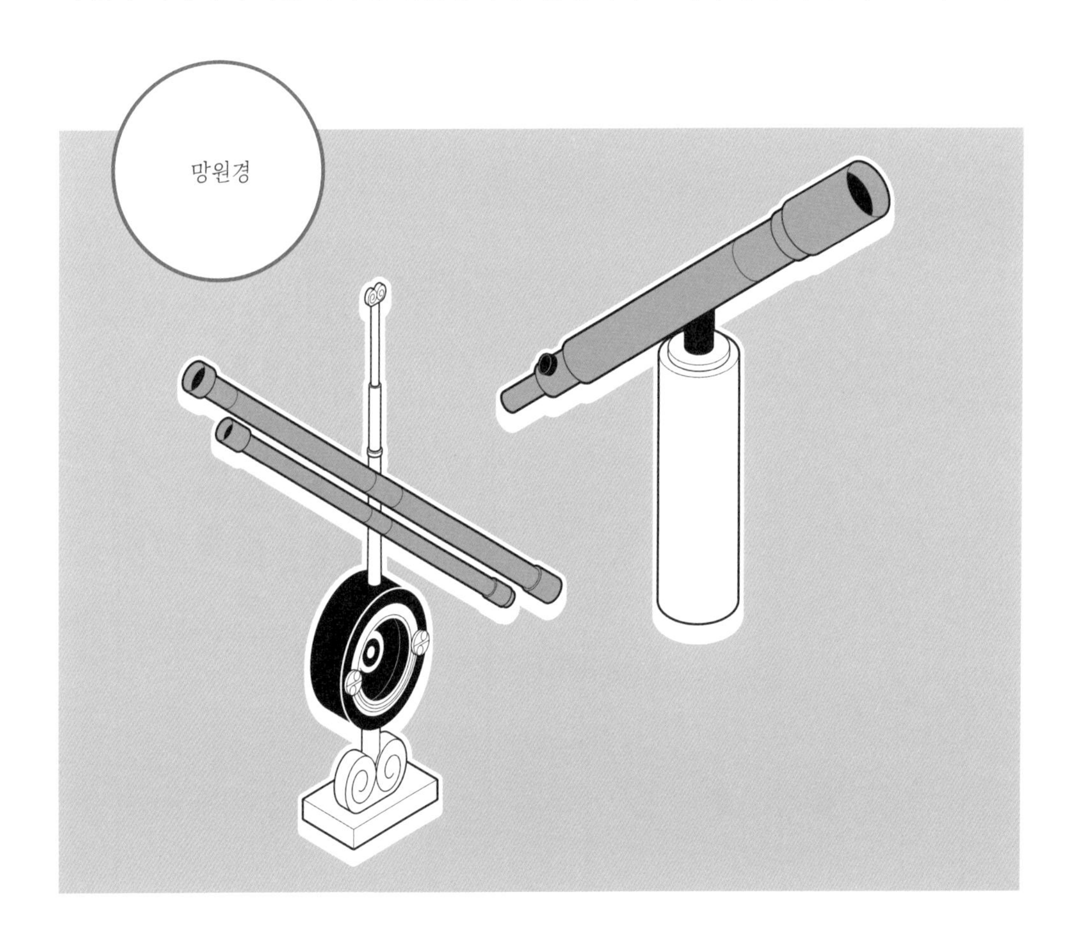

아닌 관찰과 수학에 뿌리를 두어야 한다는 현대 사상을 개척했습니다. 갈릴레이 본인도 관찰과 수학 계산에 초점을 맞추어 연구했지요. 또 과학 혁명이 낳은 가장 위대한 발명품인 망원경의 활용에도 앞장섰습니다.

미국에서는 공학학교가 1800년대 초에 처음 문을 열었는데, 첫 번째 학교는 1802년 웨스트포인트에 개교한 미국 육군사관학교였습니다. 그 뒤를 이어 1819년 버몬트주에 노리치대학교가 세워졌고, 1824년 뉴욕에 렌셀러폴리테크닉대학교를 포함한 여러 공과대학교가 설립되었지요. 문제 해결에 수학과 과학을 적용해야 할 필요성이 커지면서, 많은 학생을 가르치는 공교육의 필요성도 커졌습니다. 1865년에 문을 연 매사추세츠공과대학교는 첫 입학생이 열다섯 명뿐이었습니다. 이후 훌륭한 공학학교들이 줄지어 설립되면서, 공학을 공부할 기회가 미 전역 학생들에게 폭넓게 주어졌습니다.

19세기에는 특히 석유 분야에서 개발된 새로운 공정과 공법이 전 세계 운송, 건설, 제조 업계의 판도를 바꾸었습니다. 결과적으로, 그러한 석유 기술이 여러 분야에서 다양한 산업의 탄생을 이끌었지요. 재봉틀, 케이블카, 전화기 등 혁신적인 기계가 발명되었습니다. 발명가들이 공학에 눈뜨기 시작하자, 특정 전문 분야가 새롭게 떠오르면서 오늘날 우리가 아는 다양한 공학 분야가 형성되었습니다.

공학은 초기에 토목, 기계, 전기공학으로 나뉘었습니다. 이 광범위한 세 가지 분야에서 일하는 사람들이 문제를 해결하고 전 세계에 영향을 미치기 시작했지요. 이들이 남긴 업적은 20세기 산업 혁명의 기초를 마련했으며 지구상 수많은 나라, 특히 미국을 현대화했습니다. 가장 빛나는 공학적 성과는 전기의 원리를 적용해 가정에서도 전기를 쓸 수 있게 한 것입니다. 그 덕분에 집은 더욱 편안하고, 효율적이고, 안전한 공간이 되었지요. 전기는 또한 사람들이 더 오랜 시간 일하고, 더 많이 공부하며, 과거에는 불가능했을 사회 활동을 가능하게 해주었습니다. 그리고 이 시기에 전화, 라디오, 텔레비전 등 의사소통 수단이 발전하면서 우리는 세상 속의 자기 본모습을 관찰하는 새로운 방법을 터득하고, 과거에는 절대 가능하지 않았던 방식으로 타인과 소통하게 되었습니다.

역사 속 유명한 공학자들

아르키메데스(Archimedes, 기원전 287년 출생): 아르키메데스는 힘들이지 않고도 물을 운반할 수 있는 장치인 '아르키메데스의 나선식 펌프'의 발명가로 유명합니다. 이 혁신적인 발명품은 농부가 농지에 물을 댈 때 도움이 되었습니다. 아르키메데스는 물리학에서 가장 근본적인 개념인 무게 중심을 발견한 인물로도 알려져 있습니다.

레오나르도 다빈치(Leonardo da Vinci, 1452년 출생): 다빈치가 재능을 드러낸 다양한 분야 중에는 공학도 있습니다. 그는 공학 이론을 바탕으로 현실에 꼭 필요한 수많은 발명품을 남겼습니다. 전차, 투석기, 잠수함, 기관총, 그 외 다양한 군용 무기를 설계하는 업적을 세우기도 했지요. 1495년에는 세계 최초의 로봇이라 불리는 장치를 정교하게 구상했습니다.

일라이자 맥코이(Elijah McCoy, 1844년 출생): 맥코이는 캐나다에서 태어나 10대 시절 가족과 함께 미국으로 이주했습니다. 그리고 스코틀랜드에서 기계공학을 공부했지요. 학업을 마친 뒤엔 캐나다 출신 흑인으로서는 미국에서 공학자로 일할 수 없었기에 철도 회사에 취직했습니다. 철도 회사에서 맥코이는 기차 속 움직이는 부품들이 제대로 작동하도록 돕는 윤활 장치를 발명해 기차 운영 방식을 개선했습니다.

알렉산더 그레이엄 벨(Alexander Graham Bell, 1847년 출생): 1876년 전화기를 발명한 인물로 널리 알려진 알렉산더 그레이엄 벨은 벨전화회사(Bell Telephone Company, 훗날 통신사 AT&T가 됨)를 설립하고, 학술지 <사이언스 Science>를 공동 창간했으며, 내셔널 지오그래픽 협회 회장을 지냈습니다.

니콜라 테슬라(Nikola Tesla, 1856년 출생): 오늘 벽면 콘센트에 전자 제품 플러그를 꽂은 적이 있다면, 오스트리아 공학자 니콜라 테슬라에게 고마운 마음을 갖도록 합시다. 테슬라는 거의 모든 장소에서 통용되는 전기 체계인 교류 전기 체계를 설계한 인물로 잘 알려져 있습니다.

이디스 클라크(Edith Clarke, 1883년 출생): 이디스 클라크는 미국에서 전기공학 전문가로 고용된 최초의 여성이었습니다. AT&T에서는 '인간 컴퓨터'로 불리며 계산 전문 인력으로 일했고, 제너럴

일렉트릭(General Electric)에서는 공학자로 근무했지요. 그리고 송전선과 관련된 문제를 해결하는 '그래픽 계산기'를 개발해 특허를 출원했습니다.

헤디 라머(Hedy Lamarr, 1913년 출생): 1930년대 할리우드 영화배우로 유명했던 헤디 라머는 당대에 가장 좋은 평가를 받은 배우일 뿐만 아니라, 오늘날 블루투스와 와이파이 기술이 발전하는 데 중요한 발판을 마련한 통신 기술의 공동 발명가이기도 합니다.

해티 스콧 피터슨(Hattie Scott Peterson, 1913년 출생): 토목공학 학사 학위를 취득한 첫 번째 흑인 여성으로 알려진 해티 스콧 피터슨은 훗날 여성 최초로 미국 육군 공병 부대에 입대했고, 공학 분야에 종사하는 여성들을 지원했습니다.

메리 잭슨(Mary Jackson, 1921년 출생): 메리 잭슨은 미국항공우주국(NASA)에서 근무한 첫 번째 흑인 여성 공학자였습니다. 주로 항공기 주위에 형성되는 공기 흐름을 연구했지요. 잭슨이 캐서린 존슨(Katherine Johnson), 도로시 본(Dorothy Vaughn)과 함께 미국항공우주국에 남긴 놀라운 성과에 관한 이야기는 각색을 거쳐 2016년 영화 <히든 피겨스 Hidden Figures>로 공개되었습니다.

윌리 홉스 무어(Willie Hobbs Moore, 1934년 출생): 물리학 박사 학위를 받은 최초의 흑인 여성인 윌리 홉스 무어는 미시간대학교에서 연구원으로 일했습니다. 나중에는 포드 자동차 회사(Ford Motor Company)로 자리를 옮겨 조립공학자로 근무했지요. 당시 포드는 일본의 제조 공법을 받아들였는데, 무어가 그 공법의 활용 범위를 넓혔습니다.

'빌 아저씨의 과학 이야기' 진행자 윌리엄 나이(William Nye, 1955년 출생): 윌리엄 나이는 항공기 제조업체 보잉(Boeing)에서 기계공학자로 일했습니다. 보잉에서 근무하는 동안 보잉 747 비행기에 쓰이는 '유압 공진 억제관'을 발명했지요. 이 장치는 비행기 시스템으로 전해지는 진동의 영향을 최소화합니다. 윌리엄은 TV프로그램 캐릭터 빌 나이(Bill Nye)로 잘 알려져 있습니다. 그는 미래에 활약할 젊은 세대 공학자들을 교육하기 위해 방송에 출연했습니다.

앨런 엠티지(Alan Emtage, 1964년 출생): 우리는 생활하면서 늘 검색 엔진을 사용하기 때문에, 검색 엔진이 없는 세상은 상상조차 하기 힘듭니다. 바베이도스(Barbados) 출신 컴퓨터공학자 앨런 엠티지는 1989년 세계 최초로 검색 엔진 '아치(Archie)'를 개발했습니다.

왜 공학자가 되어야 할까요?

세상에 긍정적인 변화를 일으키고 싶다면, 공학 분야는 좋은 출발점입니다. 공학자가 되면 중대한 문제를 해결해 지금보다 더욱 살기 좋은 사회와 공동체를 만들 수 있습니다. 공학자는 혁신적인 스마트폰과 태블릿의 설계부터 에너지 수집 및 저장 방식의 개선에 이르는 다양한 임무를 수행하며 인류의 삶을 발전시킵니다.

공학자가 되면 특별한 동료들과 함께 환경 실태를 조사해 더는 오염이 진행되지 않도록 막고, 지구 온난화 원인을 찾아 해결하고, 새로운 의약품을 개발하고, 첨단 통신 기술을 발전시키고, 휠체어를 타고 다니던 사람이 걸을 수 있게 도와주는 장치를 제작할 것입니다. 공학자는 문제 해결 능력과 창의력을 발휘해 우리의 삶을 개선할 방안을 마련합니다. 공학자에게는 변화를 일으킬 힘이 있습니다.

공학은 팀 스포츠입니다. 문제를 해결하려면 각종 공학 분야에 종사하는 사람은 물론 의사, 건축가, 예술가 등 다른 업계 사람과도 협력해야 합니다. 공학자가 되면 똑똑하고 유능하며 사회에 보탬이 되려는 사람들과 함께 일할 기회를 얻을 것입니다. 그뿐만 아니라 공학 분야에서 일하다 보면 전 세계를 여행할 기회를 얻기도 하지요.

공학자가 되려면 어떻게 준비해야 하나요?

공학 분야에서 기초적인 업무를 수행하는 경우는 학사 학위만 받으면 되는데, 학사 취득에는 보통 4~5년이 걸립니다. 학사 학위를 취득한 다음에는 석사 혹은 박사 학위를 받을 수 있으며, 학력이 높을수록 취업 기회가 상승하는 동시에 예상 수입도 증가합니다.

공학자가 되기 위한 준비는 중학교나 고등학교 재학 중에 되도록 일찍 시작하는 편이 바람직합니다. 관심 있는 공학 분야를 발견하면, 그때부터 기초 교육을 받고 공학적 사고방식을 구축하면서 미래를 든든하게 대비할 수 있습니다. 중학교와 고등학교에 다니는 동안 특히 열심히 공부해야 하는 수학 과목은 대수학, 기하학, 삼각법, 미적분학입니다. 과학 과목 중에서는 생물학, 화학, 컴퓨터과학, 물리학을 배워두면 좋습니다.

그런데 풍부한 지식과 뛰어난 기술만 갖추어서는 공학자가 될 수 없습니다. 공학자로서 자신의 아이디어를 타인에게 전달하려면 의사소통에 도움이 되는 노련한 말솜씨와 글솜씨는 물론 사회성 기술도 지녀야 합니다. 그래픽 디자인 실력이 훌륭해도 도움이 되지요.

공학 전공을 희망하는 학생은 입시를 준비하면서 대학교가 운영하는 프리칼리지 프로그램(Pre-college Program)(미국 대학에서 운영하는 일종의 직업 탐색 프로그램_옮긴이)을 알아보면 좋습니다. 프리칼리지는 운영 형태가 다양합니다. 방과 후 프로그램, 주말 프로그램 혹은 여름방학 프로그램으로 운영되지요. 이러한 프로그램에 참여하면 공학 지식 습득은 물론 멘토링, 대학 학점 이수, 장학금 등 다양한 혜택을 얻을 수 있습니다.

혹시 참여하고 싶은 프로그램을 운영하는 대학이 집에서 멀리 떨어져 있다고 해도 괜찮습니다. 학생에게 온라인 화상 수업으로 공학을 소개하는 단체가 많이 있으니까요. 관심을 둔 학교나 거주하는 지역에서 운영되는 공학 소모임 혹은 STEM 교육 단체에 가입해보세요.

자, 이제 공학의 세계에 풍덩 빠져봅시다.

2장

화학공학

화학공학이 불러온 혁신

매년 미국에서는 신생아 중 약 10퍼센트가 조산아로 태어납니다. 질병관리본부(CDC)에 따르면 미국은 조산율이 다른 선진국과 비교해 월등히 높은데, 일부 개발도상국은 그런 미국보다도 조산율이 더 높습니다. 아프리카 남동부에 위치한 말라위(Malawi)는 조산율이 18퍼센트로 전 세계에서 가장 높지요. 조산은 신생아 사망의 주요 원인이라는 점에서 우려스럽습니다. 조산으로 태어났다가 살아남은 신생아는 지속적으로 건강 문제를 겪거나 장애를 얻기도 합니다.

스탠퍼드대학교에서 응용의학을 연구하는 생명공학 연구팀이 조산 예방에 도전했습니다. 연구팀은 임신부의 혈액 속 물질을 측정해 기존보다 신뢰도 높은 출산일을 알아내는 방법을 발견했습니다. 이 화학공학적 검사법으로 의사는 아기가 일찍 태어날 것인지를 안전하게 예측할 수 있습니다.

여성이 임신하면 태아 DNA의 일부가 여성의 혈액에 섞입니다. 따라서 임신부의 혈액 샘플을 채취하면 의사는 임신부와 태아에 관한 정보를 얻게 되지요. 이 검사법은 조산과 관련이 있다고 밝혀진 특정 DNA 표지를 확인합니다.

아기가 빨리 태어날 위험이 크다는 사실을 미리 알면 아기를 살리는 데 도움이 될 수 있습니다. 조산아 중에서 일부는 살아남지 못합니다. 몸이 너무 작고 발육이 덜 되었기 때문이지요. 어떤 아기들은 필연적으로 위험에 빠지게 됩니다. 이 같은 문제를 미리 확인한다면, 의사는 조산으로 태어나기 전에 태아를 치료해 생존율을 높이고 질병을 예방하도록 도울 수 있습니다.

이 새로운 혈액검사법은 활용 범위가 확대되어 다른 문제를 예측하는 데에도 쓰입니다. 오늘날 의사들은 혈액검사로 아기가 다운증후군일 확률을 계산합니다. 다운증후군 환자에게는 여분의 염색체가 있습니다. 이 여분의 염색체는 신체에 변화를 일으킬 뿐만 아니라 신장이나 심장 같은 내부 장기에 문제를 발생시킵니다. 과거에는 다운증후군을 판별하기 위해 양수검사를 했습니다. 양수검사를 하기 위해서는 의료 전문가가 임신부 자궁에 주삿바늘을 꽂아 검사에 사용할 양수 샘플을 채취해야 했습니다. 이 절차는 임신부를 불안하게 만드는 외과적 시술로, 양수검사를 받는 도중 임신부가 유산할 위험성도 있습니다. 하지만 스탠퍼드대학교의 생명공학자들 덕분에, 이제는 간단한 혈액검사가 양수검사를 대체하고 있습니다.

최근 스탠퍼드 연구진은 심장 등 이식받은 장기가 거부반응을 일으킬 가능성이 있는지 알려주는 혈액검사를 개발하는 중입니다. 신체는 이식받은 장기라는 걸 인식하지 못하고 이따금 거부반응을 일으킵니다. 이식 장기를 침입자로 규정하고 없애려 하는 것이지요. 연구진은 또한 암이나 알츠하이머병의 예측 인자를 찾는 데 쓰일 혈액검사도 연구하고 있습니다.

공학이 조산아 출산에 대비하거나 심각한 질병을 예방하는 데 활용된다는 것이 정말 놀랍지 않나요?

공학자를 꿈꾸는 청소년에게 어떠한 조언을 해주고 싶으신가요?

"여러분과 인연이 있고 열정을 쏟을 만한 산업 분야나 제품이 있는지 찾아보세요. 매일 반복되는 업무가 따분하게 느껴지는 시기도 있지만, 개발한 제품에 자부심을 느낄 수 있다면 자기 일에 그만한 가치가 있음을 발견하게 될 겁니다."

— **재료공학자 헌터 헨드릭**(Hunter Hendrick)

깊이 들여다보기

화학 물질은 우리가 입는 옷과 먹는 음식과 마시는 물, 운전하는 자동차, 그리고 앞에서 살펴보았듯 의사소통에 사용하는 휴대폰에 이르기까지 우리 일상의 거대한 부분을 차지합니다. 100년이 넘는 세월 동안 화학공학자는 의학과 공중보건은 물론 인류의 삶과 사회를 개선하는 기술과 안전을 발전시키는 데 앞장섰습니다.

화학공학은 화학, 물리학, 생화학, 수학, 경제학이 결합한 학문입니다. 일반적으로 화학공학자는 어느 물질과 재료가 유용하게 쓰일지 구분합니다. 그런 다음 그 물질로 제품을 만드는 방법을 찾지요. 이러한 일은 실험실에서 시작되었다가 본격적인 생산 공정으로 확대됩니다. 그 결과는 어떨까요? 음식부터 옷에 이르는 화학공학과 연관된 제품들이 마침내 진열대에 오르게 됩니다. 화학공학자는 또한 제품 개발 과정을 감독하거나, 화학 공장의 건설과 운영에 참여하기도 합니다.

화학공학 분야에서 일하고 싶다고 생각한 사람은 운이 좋습니다. 화학 물질과 재료를 다루는 산업 분야가 다양하고 광범위한 까닭에, 화학공학자를 찾는 곳은 언제나 많습니다. 화학공학자는 흔히 생각하는 화학 회사와 석유 회사뿐만 아니라 화장품, 섬유, 식음료, 생명공학, 의학, 제약, 전자기기 제조, 환경 등의 분야에서도 일할 기회를 얻습니다.

화학공학자는 전 세계 곳곳에서 일어나는 환경 문제를 해결하기 위해 적극적으로 나섭니다. 환경 측정기기, 환경 모델링 기법, 환경 운용 전략과 관련된 기술을 개발하지요. 화학공학 전문 지식을 바탕으로 올바른 환경 개선 전략도 마련합니다. 예를 들면, 화학공학자는 대기 중 오염 물질의 양과 독성을 줄이는 연구를 합니다. 대기 중 오염 물질 수치가 낮아지면 대기에서 물이나 토양으로 유입되는 독성 물질 또한 감소하지요. 이러한 노력은 발전소나 공장과 같은 산업 시설이 환경에 미치는 악영향을 줄이는 데 큰 역할을 합니다. 깨끗한 환경은 모든 사람에게 이롭습니다.

화학공학자가 하는 일

화학공학자가 되면 중대한 임무를 수행할 기회가 빈번하게 주어질 것입니다. 화학공학자는 지속가능성과 안전, 건강과 영양, 심지어 첨단 통신 장치도 심도 있게 연구합니다. 암 진단법과 치료법 개발부터 환경친화적인 가정용품 생산에 이르는 중요하고도 다채로운 업무에 투입될 수도 있지요. 화학공학자에게는 무궁무진한 가능성이 있습니다! 화학공학자가 변화를 주도하는 산업 분야는 무엇일지 살펴볼까요?

식품과학

우리는 식료품 가게에서 신선하고 안전한 음식을 고릅니다. 혹은 바로 먹을 수 있거나 빠르고 쉽게 식사 준비를 마칠 수 있는 제품을 선택하지요. 그리고 식당에서는 음식이 위생적이며 오염되지 않았다고 믿으면서 식사합니다. 화학공학자가 없었다면, 언급한 사항 중에서 어느 하나도 가능하지 못했을 것입니다. 화학공학자 덕분에 살모넬라균이나 대장균에 오염되는 등 식품 변질을 막을 수 있는 살균 절차가 마련되었기 때문이지요.

화학공학자는 식품의 포장과 부패 방지, 그리고 유통기한 설정과 관련된 일을 합니다. 식물은 수확한 즉시 부패하기 시작합니다. 식물이 살아있을 때 일어나는 화학 반응이 수확한 이후에도 계속 일어나 식물을 시들게 하기 때문이지요. 그래서 식물은 수확 직후부터 상하기 시작합니다. 고기, 달걀, 유제품 같은 동물성 제품에서도 같은 현상이 발생합니다.

냉장고는 식품의 변질을 늦추는 편리한 장치입니다. 온도가 낮으면 식품에 번식하는 미생물의 활동이 둔해질 뿐만 아니라 일부 화학 반응 속도도 느려집니다. 특히 산소는 반응성이 매우 높으므로, 화학공학자는 포장 방식을 개선해 공기와 식품의 접촉을 줄입니다. 직접 닿는 산소가 적을수록 식품의 신선도는 오래 지속됩니다.

화장품 산업

화장품 산업에 종사하는 화학공학자는 로션, 보디로션, 자외선 차단제, 색조 화장품 등을 개발합니다. 화장품 분야에서 화학공학자가 풀어야 했던 한 가지 문제는 혼합물 내에서 큰 분자가 가라앉지 않도록 막는 것입니다. 그러한 공정을 유화(Emulsion)라고 부르는데, 제품을 안정하게 만들려면 반드시 거쳐야 하는 공정이지요. 페인트를 바르기 전에 페인트통을 흔들어본 적 있나요? 유화 공정은 액체인 페인트 속 입자들을 고르게 분산시키고 큰 입자가 아래로 가라앉는 것을 막습니다.

화학공학자는 또한 제품 생산 과정에서 유입되는 미생물을 차단해 품질 관리에 큰 도움을 주는 진공 용기와 진공 펌프를 개발했습니다. pH를 조절하거나 유화 공정을 추적 관찰하는 등 엄격한 생산 절차를 준수해 해로운 미생물의 성장을 막는 일도 합니다.

화학공학자는 지금보다 안전하고 윤리적이며 환경친화적인 화장품을 만든다는 목표로, 기존 제품과 비교해 효능은 같으나 독성 물질을 제외한 자연 유래 성분만으로 이루어진 화장품을 동물 실험 없이 개발합니다. 예를 들어 파라벤(Paraben)은 박테리아 성장을 막는 화학 물질의 한 종류인데, 음식과 약품은 물론 화장품에도 방부제로 종종 쓰이지요. 그런데 파라벤이 호르몬을 교란한다는 증거가 발견되자, 화학공학자가 파라벤이 포함되지 않은 제품을 찾는 사람들을 만족시킬 대체 물질을 개발했습니다.

제약

일반 의약품과 전문 의약품은 모두 화학공학자가 개발합니다. 다양한 화학 물질들을 결합하거나 분리하면서 의약품을 개발하고 평가하지요. 1800년대 초에 식물을 비롯한 갖가지 천연 물질로 질병을 치료하고 예방했던 방식은 대부분 시행착오 끝에 얻어진 결과였습니다. 1900년대에 이르러 과학자들이 인체와 여러 화합물의 특성을 폭넓게 이해하게 되자, 비로소 제약과학이 시작되었습니다.

화학공학자는 의약품의 개발 과정과 제조 과정을 감독합니다. 제약 산업이 직면한 문제 가운데 하나는 비용입니다. 신약을 연구하고 개발하는 비용은 상상을 초월할 정도로 높습니다. 개발 비용 탓에 소비자들이 구매하기에 지나치게 비싼 의약품도 종종 있지요. 그러면 다른 제약 회사가 그보다 훨씬 값이 싼 복제약을 개발합니다. 복제약은 가격 면에서 소비자에게 환영받지만, 신약과 비교하면 조금 다른 성분이 포함되었을 수 있습니다. 그래서 신약과 똑같은 효과를 내지 못할 수도 있지요. 화학공학자가 되면, 안전하면서도 값싸고 효능 좋은 의약품 개발에 뛰어들 수 있습니다.

석유 및 가스 산업

우리 사회는 석유로 만든 제품에 전적으로 의존합니다. 석유는 휘발유와 LPG를 생산하는 에너지 자원으로만 쓰이는 것이 아닙니다. 플라스틱, 식용 방부제, 샴푸,

그리고 수많은 가정용품을 만드는 기초 원료이기도 하지요. 석유 산업에서 일하는 화학공학자는 석유가 휘발유를 비롯한 다양한 제품으로 생산되는 공정이 제대로 운영되는지 감독하는 중요한 임무를 수행합니다. 일하는 장소가 선박, 석유 굴착 장치이거나 혹은 실험실인 경우도 있지요. 화학공학자가 집중하는 한 가지 중요한 목표는 석유보다 더 깨끗한 에너지원을 개발해 환경 오염을 줄이는 것입니다.

플라스틱

플라스틱은 어디에나 있습니다. 컴퓨터, 휴대 기기, 주방용품, 자동차, 음식 포장재, 심지어 우리가 입는 옷도 플라스틱으로 만듭니다. 플라스틱은 고분자(Polymer)로, 화석 연료에서 유래한 탄소 원자들이 서로 결합해 길게 연결된 안정한 분자입니다. 1800년대 말에 플라스틱이 처음 개발되자, 사람들은 다른 천연자원을 대신해 사용할 수 있다는 측면에서 플라스틱을 장점이 많은 자연 친화적 물질로 여겼습니다. 하지만 오늘날 플라스틱은 심각한 골칫거리로 전락했는데, 쓰레기통에 버려지면 분해되기까지 긴 시간이 소요되기 때문입니다. 분해에 얼마나 오랜 시간이 걸리는지는 의견이 분분하지만, 플라스틱 종류에 따라 20년에서 1000년 정도로 예상됩니다.

플라스틱 산업계에서 일하는 일부 화학공학자는 폐플라스틱 문제에 주목합니다. 그리고 쉽게 분해되는 플라스틱을 어떻게 제조할지 연구합니다. 폐플라스틱 문제는 재활용으로도 극복할 수 있지요. 최근에는 캐나다 고등학생인 다니엘 버드(Daniel Burd)가 폐플라스틱 문제를 해결할 참신한 방안을 내놓았습니다. 박테리아가 유기 물질 분해를 돕는다는 사실에 착안한 다니엘은 과학 박람회에 참가해 두 가지 변종 박테리아로 플라스틱을 분해한다는 아이디어를 발표해 상을 받았습니다. 과학자와 공학자로 구성된 연구진이 다니엘의 아이디어를 연구해 폐플라스틱 문제 해결책을 찾을 것입니다. 어쩌면 여러분에게도 이 중요한 문제를 해결할 아이디어가 있을지 모릅니다! 학생도 세상을 바꿀 수 있습니다.

에너지 기술

화학공학자는 화석 연료와 같은 전통적인 에너지 자원을 개발합니다. 그와 동시에 새로운 에너지 자원을 개발하고 개선하는 일에도 앞장섭니다. 이를테면 풍력 발전기에 쓰이는 내구성 강한 플라스틱을 만들지요.

화학공학자는 연료 전지도 개발합니다. 연료 전지란 연소 엔진보다 효율이 높은 에너지 공급 장치인데, 연소 엔진과 달리 배출하는 물질이 물뿐입니다. 연료 전지 기술은 승용차, 버스, 소형 선박에 쓰입니다.

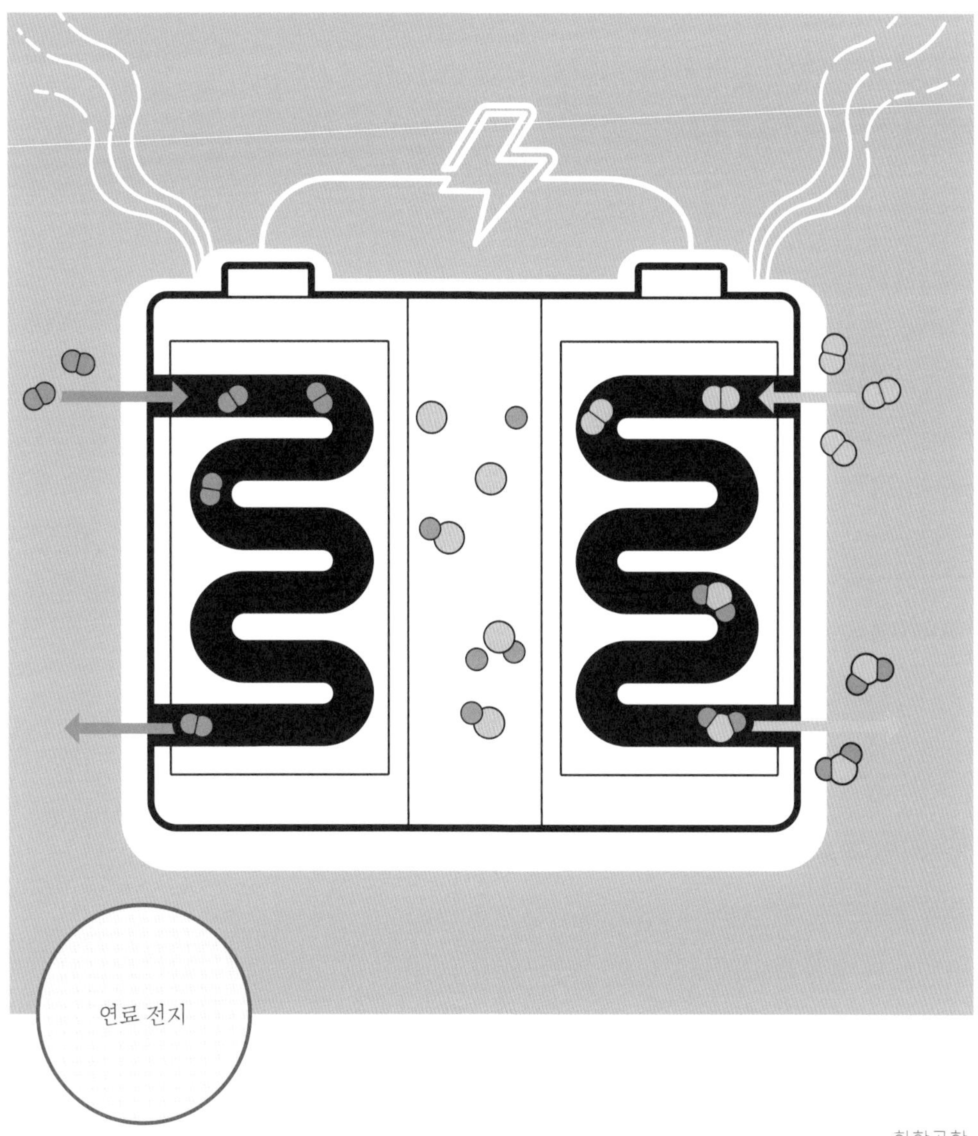

연료 전지

진로 체크리스트

화학공학자를 꿈꾸는 사람이 갖추어야 할 역량은 다음과 같습니다. 이런 사람은 미래에 화학공학자가 될 만한 자질이 충분합니다.

○ 창의력과 인내심을 발휘해 문제를 체계적으로 해결할 수 있다.
○ 수학과 과학을 토대로 세상을 바꾸는 일이 가치 있다고 생각한다.
○ 다양한 요소가 어떻게 서로 결합하고 작동하는지 알아내고 싶다.
○ 문제를 분석해 어느 요소가 어떻게 작용하는지 규명하는 일에 자신 있다.
○ 생물학과 관련된 문제를 풀기 좋아한다.
○ 전 세계 환경에 긍정적인 변화를 일으키고 싶다.

연료 전지는 연료의 화학 에너지를 전기 에너지처럼 사용 가능한 에너지로 전환합니다. 연료 전지를 간단하게 비유하자면, 물과 메탄올(알코올의 일종) 혼합 용액이 담긴 백금 접시와 같습니다. 여기서 메탄올 분자가 수소 원자를 방출해 전류를 생산합니다. 백금은 반응이 일어나도록 돕는 촉매로, 가격이 비쌉니다. 현재까지 이 촉매 반응에 관여하는 화학 작용을 완벽하게 규명한 화학공학자는 아무도 없습니다. 그런데 위스콘신대학교 소속 화학공학자들이 컴퓨터로 다양한 반응을 시뮬레이션한 결과, 연료 전지의 물이 예상했던 것보다 더 중요한 역할을 한다는 사실을 발견했습니다. 위스콘신 화학공학자들이 남긴 연구 성과 덕분에 앞으로 연료 전지는 더욱 저렴해질 것입니다.

화학공학과 관련된 전문 분야

화학공학에는 여러 하위 분야가 있습니다. 화학공학이 발전한 이후 일부 하위 분야가 더욱 폭넓게 확장되어 별도의 공학 분야로 자리 잡게 되었지요. 예를 들어 생물

이론을 공학에 접목하는 연구는 본래 화학공학에서 다루었습니다. 하지만 그러한 연구 영역이 점점 확장되면서 오늘날 의공학이나 생명화학공학 등 다양한 전문 분야로 나뉘게 되었지요. 그러한 전문 분야 가운데 어느 분야가 여러분이 성취하고 싶은 목표와 잘 맞는지 살펴보도록 합시다.

의공학

의공학은 생물학과 공학이 융합된 학문으로, 공학 이론과 재료과학을 의학에 응용합니다. 의공학자는 직접적이거나 간접적인 방식으로 신체의 문제를 해결해 사람들에게 지금보다 더 나은 삶을 제공합니다. 이를테면 인공 팔다리처럼 신체를 대신하는 장치를 설계하지요.

의공학자는 수술을 돕는 각종 장비와 로봇, 레이저 기술을 개발해 의사, 간호사 등 의료 전문 인력을 지원합니다. 그뿐만 아니라 다른 공학자들과 긴밀하게 협력해 세상을 놀라게 할 혁신적인 기술을 개발합니다. 인공 팔다리 같은 보조장치 외에 혈액의 화학적 조성, 체내 산소 수치, 체성분 같은 중요한 정보를 추적 관찰하는 시스템을 개발하기도 합니다.

새로운 의료기기가 개발되기를 기다리는 사람이 늘고 있습니다. 의공학자가 되면 당뇨와 같은 질환을 감시하고 조절하는 장치를 설계하거나, 심장 박동을 제어하는 첨단 심박 조율기를 만들게 될 것입니다. 어쩌면 인공 장기를 설계하고 생산하는 일에 뛰어들지도 모릅니다!

생명화학공학

생명화학공학은 천연 물질이나 합성 물질을 사용하는 제품과 그러한 제품을 생산하는 공정을 개발하는 분야입니다. 좋아하는 색상의 옷이 있나요? 그 옷을 물들인 염료는 아마도 생명화학공학 연구진이 개발했을 것입니다. 생명화학공학자는 개발한 염료가 인체에 안전한지도 평가합니다. 의류에 선명한 색을 입히는 염료 이외에, 식품과 의약품의 변질을 막는 화학 보존제도 개발하지요. 휘발유를 비롯한 각종 연료를 깨끗하게 정제해서 오염 물질 발생을 줄이는 공법도 연구합니다.

그뿐만 아니라, 생명화학공학자는 사람들에게 공급하는 물이 깨끗하고 안전한지 검증합니다. 이 같은 일은 깨끗한 물에 접근하기 힘든 일부 지역사회에서 특히 중요합니다. 오염된 물을 마시고 더러운 물로 목욕하면 질병에 걸리거나 심지어 목숨을 잃을 수도 있습니다.

환경공학

환경공학자는 대기와 물과 토양으로 이루어진 환경에서 현재 발생하고 있는 문제는 무엇인지, 그리고 앞으로 등장할 문제는 무엇인지 탐구합니다. 건강한 환경을 조성하려면 어느 화학 물질과 재료를 사용해야 하는지, 어떠한 절차를 세워야 하는지도 연구하지요. 화학공학은 환경을 보호하는 데 언제나 큰 보탬이 됩니다. 저마다 다른 배경지식을 가진 환경공학자들이 다양한 분야의 전문가와 팀을 이루어 환경 오염 물질을 제거하고, 수질을 관리하고, 오염 원인을 통제하는 등 오늘날 세계가 직면한 복잡한 환경 문제를 해결하려 노력합니다.

환경공학이 이룩한 성과 중 하나가 역삼투 공정 개발입니다. 역삼투 공정을 거치면 물에서 오염 물질이 제거됩니다. 물만 반투과성 막(Partially Permeable Membrane)을 통과하기 때문이지요. 반투과성 막은 여과 필터로 작용해 특정 입자만을 통과시킵니다.

유니세프에 따르면, 깨끗한 물과 위생 시설에 대한 접근성이 문제가 되고 있습니다. 전 세계 수백만 명의 사람들은 안전한 물을 구하거나 청결한 위생 시설을 사용하지 못하고, 그보다 더 많은 사람들은 오염된 환경에서 생활하다가 질병에 걸립니다. 환경공학자는 생존에 부적합한 환경에서 발생하는 다양한 문제를 해결합니다. 환경공학자가 도출한 물 문제 해결 방안 가운데 하나는 오염된 물에 산화제를 쓰는 것입니다. 산화(Oxidation)란 전자가 한 물질에서 다른 물질로 이동하는 화학 반응이지요. 전자 상태가 변화하면 물질의 구조도 변화합니다. 따라서 산화제를 쓰면 물속에 사는 미생물의 구조가 바뀌어 미생물 제거 작업이 수월해지지요. 산화 반응을 활용한다는 환경공학자의 기발한 상상력이 식수를 정화하는 기술을 낳았습니다.

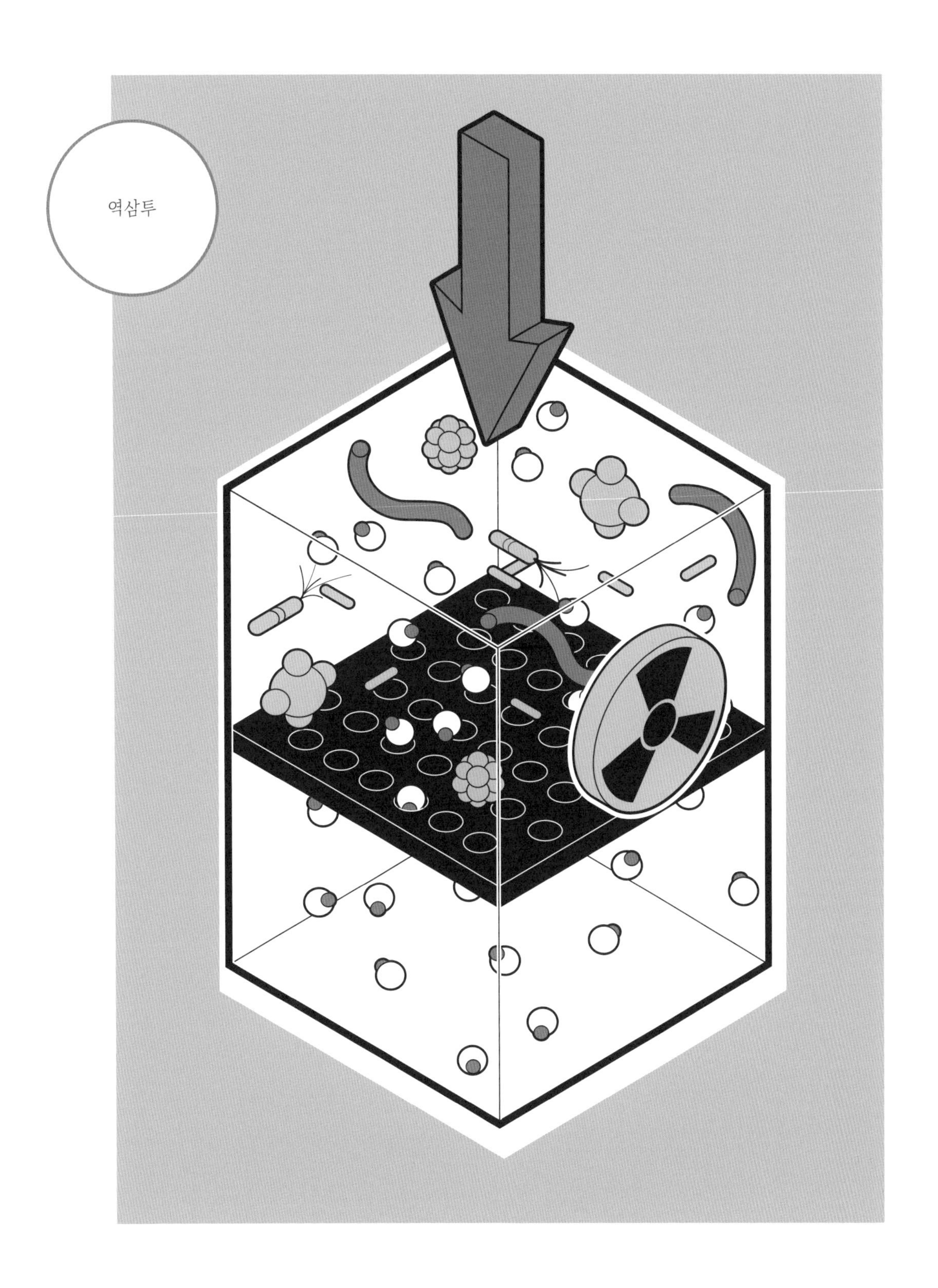
역삼투

어떤 환경공학자는 다른 분야의 과학자, 공학자들과 힘을 모아 자동차의 오염 물질 배출량을 낮추는 값싸고 성능 좋은 부품을 설계합니다. 어떤 환경공학자는 연료 소모율을 연구하는데, 차량이 소모하는 연료가 줄어들면 대기에 배출하는 오염 물질량도 줄어들기 때문이지요. 연료 자체를 연구하는 환경공학자도 있습니다. 그들은 휘발유를 비롯한 각종 연료를 생산하는 원료인 석유를 정제하는 기술을 개선합니다. 정제 기술을 개선한 결과, 지구 대기로 빠져나가는 황(Sulfur)과 같은 오염 물질이 큰 폭으로 줄었습니다.

재료공학

재료공학자는 다양한 물질로 구성된 재료를 연구·개발하고 평가합니다. 플라스틱, 금속, 세라믹, 나노 물질 등 여러 재료의 특성과 구조를 평가해 기계·화학·전기 규격에 맞는지 확인하기도 하지요. 아이디어를 총동원해 재료의 성능을 끌어올리는 일도 합니다. 컴퓨터 칩, 의료기기부터 농구공, 스노보드에 이르는 다양한 제품을 만드는 데 쓰이는 재료를 개발하고 검증합니다.

신소재 개발은 역사를 통틀어 가장 획기적인 성과로 꼽힙니다. 인류가 태초부터 성장하고 번성하며 편안하고 안전한 삶을 누리기까지 신소재가 꼭 필요했지요. 신소재는 토목, 화학, 건설, 항공, 전기공학 등 여러 분야에서 새로운 변화를 일으키는 기폭제로 작용했습니다. 재료공학자는 제품이 어떻게 설계되는지 이해하고 신소재를 활용해 혁신적인 제품을 개발하는 덕분에, 신소재가 필요한 다양한 분야에서 여전히 중요한 위치를 차지하고 있습니다.

재료공학자에게는 무궁무진한 기회가 주어집니다. 기회가 주어지는 분야는 의류 및 스포츠부터 의료 분야까지 다양하지요. 예컨대 재료공학자는 모기가 기피하는 의류 소재를 개발합니다. 의료 분야에서는 부러지거나 산산조각이 난 사람의 뼈를 치료하는 고분자를 개발합니다. 의공학 분야에서는 신소재가 환자 치료에 쓰이는데, 화상 환자의 몸에서 떼어낸 피부를 화상 부위로 이식하는 피부 이식술에 활용됩니다. 이 수술에서 신소재는 피부를 이식한 환부가 잘 아물도록 돕습니다.

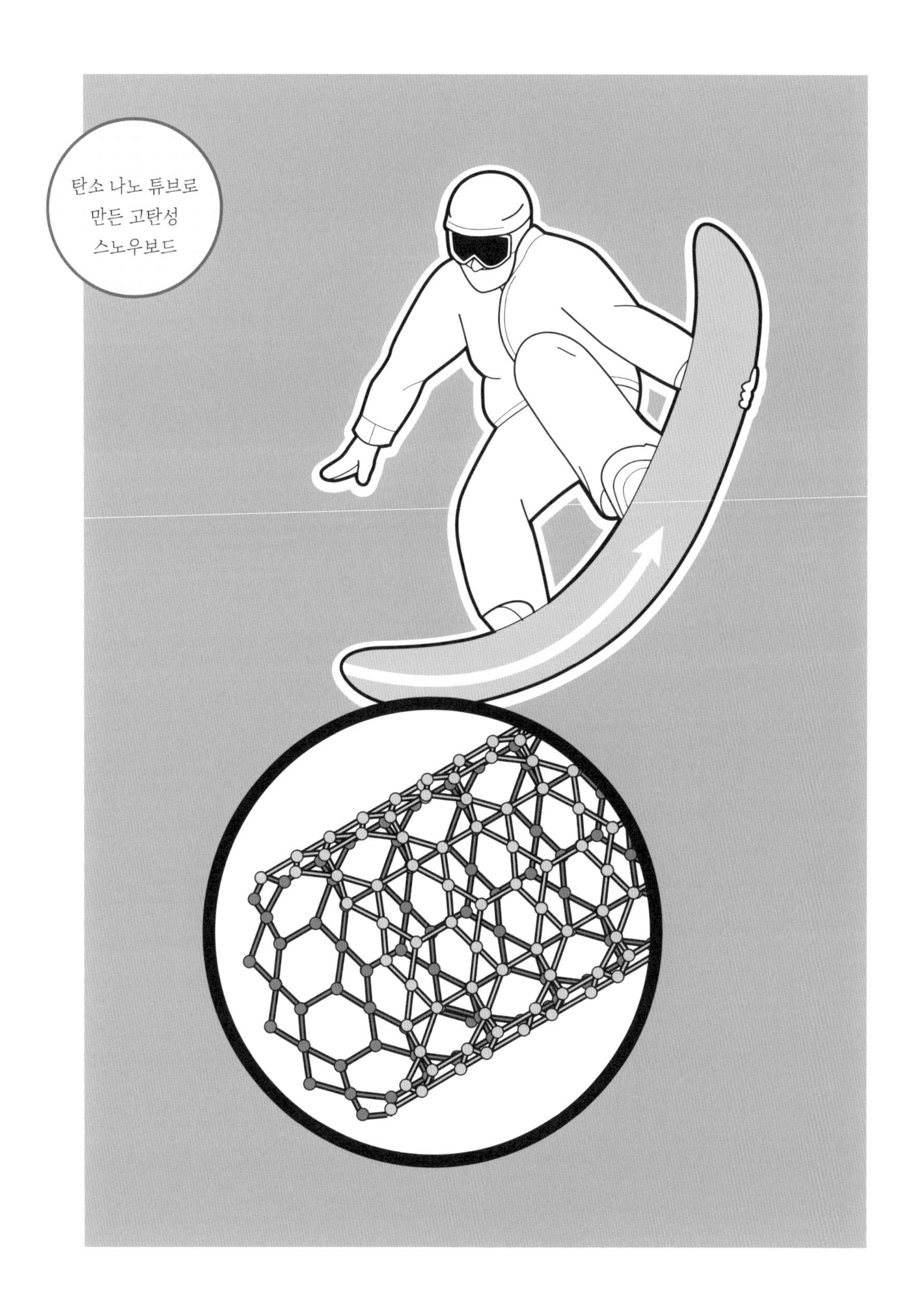
탄소 나노 튜브로
만든 고탄성
스노우보드

원자력공학

원자력공학자는 원자력 에너지를 안전하고 효과적으로 활용하는 새로운 방법을 찾습니다. 원자력 에너지란 원자 내에 존재하는 사용 가능한 에너지입니다. 그런데 원자력 에너지를 다루는 일은 원자핵반응 도중 방출되는 에너지가 매우 크다는 측면에서 상당히 위험합니다.

원자력 에너지는 의료 장비와 방사성 폐기물 처리시설, 그리고 원자력 발전소에서 사용됩니다. 그런 이유로 전력을 생산하는 산업계에서도 원자력공학자는 중요한 임무를 맡습니다. 세계원자력협회에 따르면, 미국은 전력 사용량의 약 20퍼센트를 원자력 발전소에서 공급받습니다. 원자력 에너지는 전 세계 430개가 넘는 원자력 발전소에서 생산되며, 그러한 발전소 가운데 대략 100개가 미국에 있습니다.

원자력공학자는 의료 전문가와 함께 방사성 물질을 써서 질병을 찾는 안전한 진단법을 개발합니다. 이처럼 원자력공학과 의학이 융합된 학문을 핵의학이라고 합니다. 핵의학에서는 질병을 진단하는 방사성 추적자(방사성 의약품)를 인체에 주입합니다. 그런 다음 의사와 의료 전문가가 특수 카메라를 써서 환자 몸속으로 들어간 방사성 추적자를 관찰합니다.

원자력 에너지는 매우 위험할 수 있으므로 안전하게 다루어야 합니다. 원자력공학자는 모든 사람이 절실히 원하는 전기를 공급하는 동시에 지역사회와 국가를 위험에 빠뜨리지 않으려고 노력합니다. 원자력공학자가 되면 원자력 에너지를 에너지원으로 활용하거나 의료 분야에 응용하는 일을 하며, 원자력 폐기물 처리 지침을 안내하는 컨설턴트 혹은 원자력 사고를 조사하는 전문가로도 활약할 수 있습니다.

화학공학이 해결해야 할 과제

오늘날 화학공학자를 포함한 모든 공학자가 직면한 가장 심각한 문제는 기후변화입니다. 기후변화에 대응하는 주요 방안 중에는 온실가스 감축이 있는데, 온실가스는 지구 온도를 상승시킵니다. 온도가 아주 조금만 상승해도, 가령 고작 섭씨 2도만 상승해도 지구는 감당하기 어렵습니다. 지금보다 조금 더 따뜻해진다는 건, 지구의 균형이 무너진다는 것을 의미하지요. 온도가 상승할수록 빙산과 빙하가 더 많이 녹아내릴 것입니다. 빙하가 녹으면 강과 하천으로 도달하는 담수도 늘어납니다. 따라서 빙하가 완전히 녹으면, 해수면이 그만큼 상승해 많은 도시와 지역사회가 물에 잠길 것입니다.

바다와 호수의 수온이 조금 상승해도 섬세한 생태계는 파괴됩니다. 수온이 고작 섭씨 0.5도만 올라가도, 수많은 식물과 수생생물이 생존할 수 없게 되지요. 이러한 현상은 도미노 효과를 불러옵니다. 작은 물고기가 죽으면, 그보다 큰 물고기는 작은 물고기를 잡아먹지 못해 죽습니다. 물고기가 사라지면 결국 새들도 사라지게 되지요.

온실가스는 자동차, 산업체, 건물 등이 배출하는 오염 물질에서 유래합니다. 가장 심각한 온실가스 배출원은 휘발유나 석탄 같은 화석 연료입니다. 화석 연료를 태우면 발생하는 부산물이 바로 주요 온실가스로 손꼽히는 이산화탄소지요.

자동차 업계는 특히 전기차와 하이브리드차가 등장하면서 크게 발전했습니다. 건물 내에서 사용하는 에너지도 풍력, 태양광 등 신재생 에너지로 바뀌고 있고요. 그럼 산업계는 어떤가요?

산업계는 생산 공정을 조금씩 개선하고 있긴 하지만, 에너지 수요가 여전히 높습니다. 문제가 되는 것은 폐기물입니다. 금속 산업으로 예를 들자면, 원료로 구매한 철강 중에서는 4분의 1만이, 알루미늄 중에서는 2분의 1만이 제품으로 만들어집니다. 남은 철강과 알루미늄도 재사용되긴 하지만, 이 과정에서 에너지를 추가로 투입하기 때문에 더 많은 폐기물을 생산하는 셈이지요. MIT 부교수이자 재료공학자인 엘사 올리베티(Elsa Olivetti)는 산업 폐기물 문제를 고민해왔습니다. 그러한 고민 끝에 펄프와 종이를 생산하는 공장에서 배출되는 부산물로 벽돌 '에코블락(Eco-BLAC)'을 만들어서, 폐기물을 지속가능한 건축 자재로 탈바꿈시켰습니다.

석유 및 가스 산업계에서 거론되는 또 다른 문제는 메탄입니다. 메탄 또한 이산화탄소에 버금가는 주요 온실가스입니다.

화학공학자는 산업계가 유발한 기후변화의 속도를 늦추기 위해 공정을 재설계해서 연료 소비 효율을 올립니다. 그와 동시에 친환경적인 에너지원을 어떻게 도입할지 연구하지요. 이러한 연구는 온실가스 배출량 감소로 이어지며, 마침내 대기 중 온실가스 수치를 낮출 것입니다.

화학공학을 전망하다

화학공학 지식이 폭넓게 적용된다는 건, 화학공학과 관련된 전문 분야가 그만큼 많다는 것을 의미합니다. 앞으로 5년에서 10년 동안 화학공학자는 전 세계 공동체의 건강과 행복, 그리고 환경 안전을 책임질 제품을 연구할 것입니다.

화학공학자는 의학 분야에서 인체를 치료하거나 인공 장기를 만드는 데 쓰이는 물질을 계속 개발할 것입니다. 그 외에도 생명공학자와 협력해 조직검사 같은 외과 절제술을 하지 않고도 의사가 암을 진단하게 해주는 혈액검사법을 연구하고 있습니다. 혈액검사법이 외과 절제술을 대체할 수 있다면, 환자는 이전보다 더 편안하고 안전해질 것입니다. 더구나 혈액검사는 외과 수술보다 비용이 훨씬 저렴하지요.

전자공학 분야에서는 화학공학자가 나노 기술을 발전시키며 스마트 기기 개발을 도울 것입니다. 그런 까닭에 화학공학자는 전자 제품 폐기물을 안전하게 처리하는 절차를 새롭게 마련해야 합니다. 오늘날 사람들은 대부분 전자 제품을 올바른 방식으로 버리지 않습니다. 그런데 전자 제품에는 납이나 수은 같은 다양한 위험 물질이 들어있지요. 적합한 방법으로 폐기물을 처리해야 쓰레기 처리장이 오염되지 않습니다. 게다가 전자 제품에는 금, 구리 등 귀금속도 들어있습니다. 전자 산업계에는 그런 값비싼 귀금속을 제품에서 추출하는 사람들이 있는데, 귀금속 추출 도중 위험 물질에 노출되면 심각한 질병에 걸립니다.

화학공학자는 생물 연구에도 점점 더 깊이 관여하고 있습니다. 앞으로 화학공학이 나아가야 할 한 가지 중요한 방향은 인체의 생리학과 병리학을 이해하고 질병을 연구하는 것입니다. 화학공학자는 또한 생명과학자, 생명공학자와 함께 화학공학적 원리를 적용해 인체에 이식할 인공 팔다리와 장기를 만들고, 면역 거부 반응을 일으키지 않는 피부 이식술을 개발할 것입니다. 그러므로 생명공학 분야에서 일할 미래의 화학공학자는 생물학도 공부해둬야 합니다.

정교한 컴퓨터 모델링 소프트웨어가 점차 상용화되는 추세입니다. 앞으로 화학공학자와 화학자들은 어떠한 시나리오라도 원하기만 한다면 모델링을 할 수 있을 것입니다. 그리고 화학 실험실이 아닌 컴퓨터실에서 화학 반응을 검증해 반응속도와 반응 결과, 반응 생성물에 대한 예측이 정확한지 확인할 것입니다. 이와 같은 반응 검증 방식은 위험한 기술이나 독성 물질을 사용하는 경우 유용합니다. 컴퓨터 모델링 결과를 분석해 개발 중인 기술에 그 분석 내용을 적용할 수도 있지요.

화학공학 분야는 매우 빠르게 변화하고 있습니다. 이 분야에서 성공하려면 변화하는 사회에 적응하고 진화하는 기술을 익혀야 하는데, 특히 발전 가능성이 무궁무진한 신소재 분야 지식과 컴퓨터 기술을 잘 알아둬야 합니다. 미래 사회가 요구하는 혁신을 주도하고 환경을 보호하려면, 화학공학 분야 종사자는 생물학, 기계공학, 전기공학을 포함하는 다양한 산업계 동료들과 협력해야 합니다.

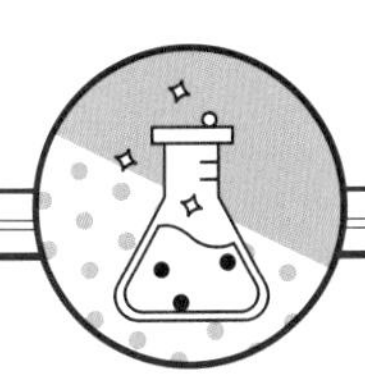

공학자로 일하면서 가장 보람을 느끼는 순간은 언제인가요?

"공학자는 놀라운 방식으로 세상을 변화시킵니다. 저는 공학 학위가 곧 '문제 해결 학위'와 같다는 점에서 마음에 들어요. 여러분도 공학 학위를 취득한다면 어떠한 문제가 닥쳐도 극복해내는 훌륭한 문제 해결사로 활약할 수 있을 겁니다. 문제 해결력은 일하는 분야를 막론하고 갖춰야 하는 귀중한 능력이지요."

— **재료공학자 레이철 보렐리**(Rachel Borrelli)

인간 장기 생산은 공상과학 영화와 소설에나 등장하는 소재였지만, 화학공학이 그것을 현실로 구현하고 있습니다.

하버드대학교 와이즈연구소 소속 과학자와 공학자는 인간 세포를 이용해 인공 심장을 생산하는 방법을 개발했습니다. 조직공학(Tissue Engineering)이라 불리는 이 제조법은 최첨단 장기 생산 기술로, 심장 이식을 기다리는 사람에게 적용하기에 앞서 검증을 거쳐야 합니다.

새 심장을 만드는 데 필요한 조직은 실험실에서 배양합니다. 배양된 조직은 마치 인간의 심장처럼 심장 박동을 일으키지요. 과학자는 이식한 심장에서 활성화될 미세 혈관도 만듭니다. 이 기술의 명칭은 SWIFT(Sacrificial Writing Into Functional Tissue)로, 희생 바이오잉크(세포가 배양되면 녹아 없어지는 '희생 성분'을 함유한 3D 바이오 프린트 재료_옮긴이)를 써서 기능성 조직을 만든다는 의미입니다. 이 과정은 일종의 3D 프린팅으로, 공학자는 오직 인체 조직만 사용해 장기를 '프린팅(Printing)'합니다. 프린팅에 사용하는 조직은 새 심장이 필요한 사람에게서 채취하지요. 자기 조직으로 만든 심장을 이식하면, 신체가 새 심장에 거부반응을 일으킬 가능성을 낮출 수 있습니다.

배양에 사용되는 조직에는 줄기세포가 들어있습니다. 줄기세포는 특정 조직 세포로 아직 발달하지 않은 세포입니다. 줄기세포가 발달하면 근육 세포, 뇌세포, 피부 세포 등이 됩니다. 과학자는 줄기세포를 '미분화 세포'라고도 부르지요. 모델링에 쓰이는 점토를 떠올려봅시다. 무엇으로 만들 것인지 결정하기 전까지 그것은 점토 덩어리에 불과합니다. 줄기세포는 모델링 점토와 유사하다고 볼 수 있습니다. 심장에 필요한 유형의 세포로 분화하고 발달하라는 '지시'를 받으면, 비로소 줄기세포는 심장 세포로 분화합니다.

과학자들은 SWIFT가 성공한다면 신장이나 간 같은 여러 장기를 생산하는 데 활용할 수 있으리라 기대합니다. 지금도 많은 사람이 장기를 기증받으려 대기하고 있기 때문이지요. SWIFT의 또 다른 응용 사례로는, 화상 환자의 환부에 새 피부가 돋아나도록 돕는 '바이오 반창고'가 있습니다. 3D 바이오 프린팅은 수많은 생명을 살리거나 도울 수 있습니다. 이처럼 창의력을 발휘해 상식의 틀을 깨는 사람들이 인류 건강과 복지에 강력하고도 긍정적인 변화를 일으킵니다.

장기 생산은 지금도 계속해서 발전하고 있는 분야로, 앞서 설명한 내용과 비슷한 장기 생산 기술이 현실에 적용되어 성공한 사례가 있습니다. 다리 절단 수술을 앞둔 호주 남성의 정강이에 세계 최초로 3D 프린팅으로 제조한 정강이뼈를 이식한 것입니다.

정확한 형태와 구조로 정강이뼈를 만들기 위해, 공학자들은 자기 공명 영상법(MRI)으로 촬영한 본래의 뼈 사진을 활용했습니다. 본인의 양쪽 다리에서 추출한 혈관과 콜라겐 조직에 싸인 3D 프린팅 정강이뼈가 총 5회에 걸친 수술 끝에 호주 남성에게 이식되었습니다. 불과 몇 년 전만 해도 많은 사람이 불가능하다고 주장했을 이 이식 수술은 성공을 공식적으로 발표했으며, 이 의학적 연구 성과의 중심에 공학자들이 있습니다.

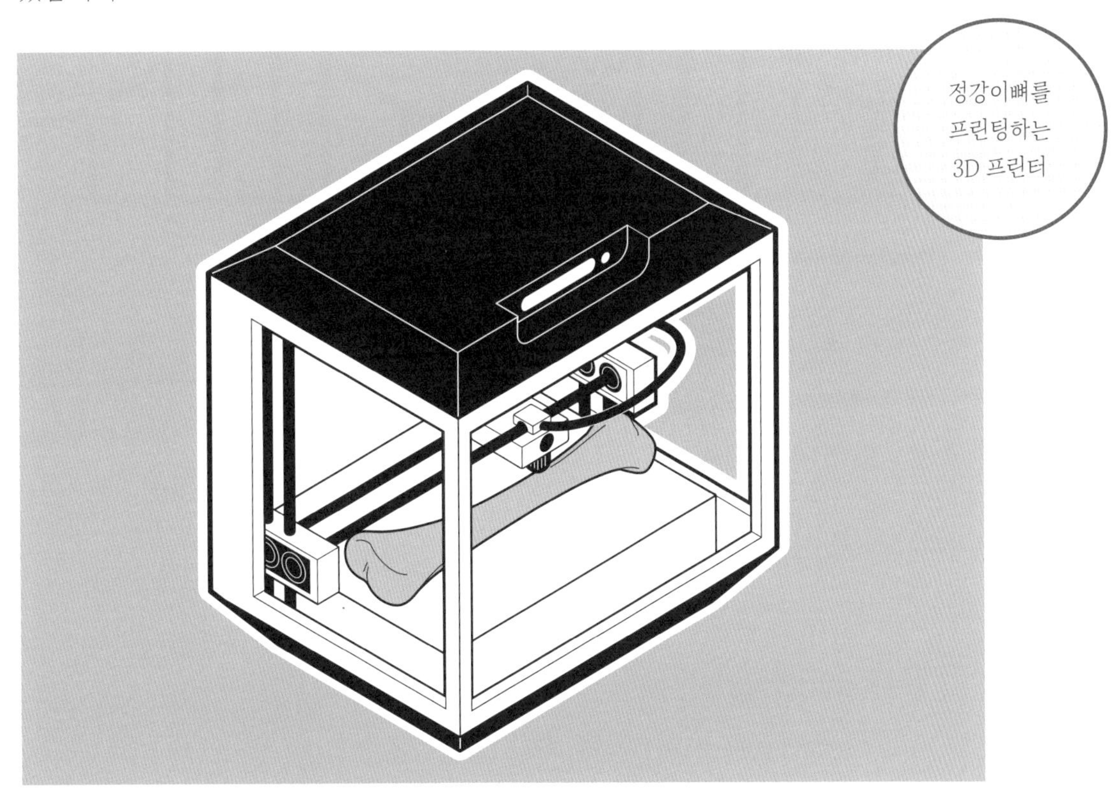
정강이뼈를
프린팅하는
3D 프린터

3장

토목공학

토목공학이 불러온 혁신

최근 캘리포니아주 샌디에이고는 현대화된 수처리 시설의 필요성을 인식했습니다. 이 지역에는 수처리 시설이 세 개 있는데, 그 가운데 가장 오래된 얼 토머스(Earl Thomas) 저수지가 1950년대에 건설되었습니다. 그로부터 50년이 흐르자, 최신 기술을 반영해 저수지를 재설계해야 할 필요성이 드러나기 시작했지요. 저수지가 지진을 견디지 못할 것으로 예측되었기 때문입니다. 샌디에이고 카운티를 통과하는 로즈캐니언 단층(Rose Canyon Fault)과 캘리포니아주를 통과하는 샌앤드레이어스 단층(San Andreas Fault)을 고려해, 샌디에이고는 안전하고 지속가능한 지진 대비책을 마련해야 했습니다.

개조 공사가 진행되면서 앨버라도(Alvarado) 수처리 시설에 신기술이 도입되었고, 샌디에이고의 정수 능력이 두 배 넘게 상승했습니다. 인근 태평양 연안과 샌디에이고 수처리 시설에서 수질을 검사하는 화학자들의 업무 공간과 실험실도 앨버라도 수처리 시설에 마련되었습니다.

수처리 시설 개조는 대규모로 추진되었습니다. 저수조 두 개를 새로 만들어야 했는데, 각 저수조의 용량이 약 7만 6000톤에 달했습니다. 그다음에는 수처리 과정을 변경해야 했습니다. 기존 수처리 시설에서는 염소(Chlorine)로 물을 소독했습니다. 염소는 물속 박테리아를 파괴하지만, 물에 잘 녹아 특유의 맛을 남기지요. 따라서 수처리 시설 측은 캘리포니아 보건부가 내놓은 수처리 방식 개선안에 따라 정수 방식을 바꿔야 했습니다. 이제 수처리 시설에서는 염소가 아닌 오존으로 물을 소독합니다. 오존은 염소보다 박테리아를 효과적으로 파괴하는 데다, 아무런 맛을 남기지 않습니다. 그래서 염소 처리수보다 오존 처리수가 맛이 더 좋지요. 게다가 오존은 유황이나 철과 같은 금속 불순물 잔류량을 낮춥니다. 현재 앨버라도 수처리 시설에는 오존 생성 시스템을 구축할 큰 신축 건물이 들어서 있습니다.

개조된 수처리 시설은 운영에 필요한 에너지를 태양에서 얻도록 설계되었습니다. 앨버라도 수처리 시설의 저수조 상단에는 6000개가 넘는 태양광 패널이 설치되어 있습니다. 태양 에너지를 사용하면서 전기 요금이 1년에 대략 4500만 원

절약되었습니다.

공학자들은 지진이 일어나도 수처리 시설이 안전하게 유지되도록 시설의 벽과 지붕, 벽과 바닥 사이에 고무판을 배치했습니다. 지진으로 시설이 흔들려도 망가지지 않는 내진 케이블도 설치했지요.

그 외에 여과 장치와 수도관이 개선되고, 새 저수조와 화학 물질 보관용 저장 탱크가 설치되고, 저장 탱크들을 연결하는 터널이 뚫리는 등 수처리 시설에 다양한 변화가 일어났습니다.

미국 토목공학회는 규모가 크고 복잡한 시설 개조 프로젝트를 성공으로 이끈 공로를 인정해, 앨버라도 수처리 시설에 2013년 토목공학 공로상을 수여했습니다.

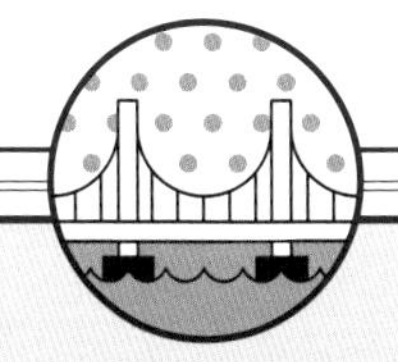

공학자를 꿈꾸는 청소년에게 어떠한 조언을 해주고 싶으신가요?

"공학자가 되어 사람들을 돕고 지역사회를 발전시키겠다는 마음을 간직하길 바랍니다. 늘 배우고 정진하는 삶을 사세요. 공학은 계속 진보해나가야 합니다."

— 수질 개선 전문 공학자 레너드 테이트(Leonard Tate)

깊이 들여다보기

토목공학자는 환경을 고려해 도로, 다리, 공항, 에너지 및 수자원 관련 시설 등 다양한 구조물을 설계하고 건설합니다. 토목공학자가 계약 업체와 함께 설계와 건설을 진행하는 동안, 비용은 고객이 부담합니다. 구조물의 유지보수는 설계한 토목공학자의 몫이지요.

토목공학은 인류 역사 최초의 공학 분야로 여겨지는데, 기원을 거슬러 올라가다 보면 고대 이집트에 도달합니다. 당시 공학자들은 기자(Giza) 지구의 피라미드처럼 웅장한 구조물을 설계하고 건설하는 방법을 고안했습니다. 20여 년 동안, 200만 개가 넘는 돌덩어리를 자르고 옮긴 다음 높이가 약 150미터에 달하는 피라미드를 쌓아 올렸지요. 이 당시의 토목공학을 오늘날과 비교하면 달라진 건 건설 재료와 기술, 공정, 그리고 설계한 건축물뿐입니다.

토목공학자는 도로와 교량을 설계할 뿐만 아니라, 첨단 기술을 바탕으로 수많은 생명을 구합니다. 예를 들면, 독성이 없는 액체·고체 폐기물을 시설에 안전하게 보관할 방안을 마련합니다. 그런데 폐기물 보관 시설에는 독성 폐기물이 반입될 수 있으므로, 토양이나 하천으로 물질이 누출되지 않도록 막는 대비책도 세워야 하지요. 토목공학자는 교통 체계와 도로망을 안전하게 구축하는 과정에서도 큰 역할을 했습니다.

토목공학자가 되면 건설 프로젝트를 계획하는 팀과 함께 일하게 됩니다. 건설 계획에는 구조물의 형태, 체계, 재료가 장기적으로 환경에 미치는 영향을 예측하는 일도 포함되므로, 구조물이 세워지는 지역 환경을 파악하는 것이 중요합니다. 재료의 장단점과 열적, 물리적 특성 등 구조물에 영향을 주는 다양한 요인도 정확히 알아야 하지요.

토목공학자는 건설이 시작되기에 앞서 프로젝트와 현장에 관한 모든 것, 이를테면 건설 용지와 인근 환경, 설계 방식과 자재 등을 조사하는 과정부터 참여합니다. 그리고 정보 취합 능력과 분석력을 발휘해 건설에 드는 비용을 계산해 예산을 책정하고, 훗날 구조물을 유지보수할 때 필요한 비용을 산정합니다. 정부 관계자나 기업 임원을 상대로 프로젝트의 세부 사항을 발표하거나 질의응답 시간을 가져야 하는 경우도 있습니다.

토목공학자가 하는 일

토목공학자는 다양한 방법으로 사람과 공동체와 사회를 돕습니다. 토목공학자가 되면 재난 대비 및 구호, 지속가능성, 생태학 및 농업 분야를 중심으로 일할 것입니다. 토목공학자가 변화를 주도하는 분야는 다음과 같습니다.

홍수 조절

홍수는 지역사회에 잊지 못할 큰 충격을 안기며, 특히 막대한 인명 피해와 재산 손실을 불러옵니다. 미국에서는 매년 100여 명의 사람이 홍수로 목숨을 잃습니다. 이 수치는 기후변화가 심해질수록 점점 증가할 전망입니다. 1998년부터 2014년까지 홍수로 인해 파괴된 다리와 도로, 구조물을 수리하는 비용으로 대략 57조 원이 들었습니다. 게다가 홍수는 토양을 침식시키기도 합니다.

이 같은 홍수 피해를 줄이는 대책을 창의력 넘치는 토목공학자와 환경공학자가 마련했습니다. 기업 타맥(Tarmac)에서 근무하는 공학자들이 탑믹스 퍼미블(Topmix Permeable)이라는 제품을 개발했습니다. 탑믹스 퍼미블은 콘크리트인데 구멍을 형성한 채로 굳습니다. 이 콘크리트 위로 비가 내리면 빗물이 구멍을 따라 흐릅니다. 1분 만에 빗물 약 3.3톤이 이 최첨단 콘크리트를 투과하지요. 콘크리트 층을 따라 흐른 빗물은 파이프로 모여서 밖으로 빠져나갑니다. 물이 한자리에 고여있지 않게 되면서 침수 위험이 낮아지지요.

세계에서 가장 가치 있는 자원 중 하나가 물입니다. 발전한 도시를 설계하고, 환경친화적인 공원을 조성하고, 환경 문제를 개선하는 등 혁신적인 결과물을 도출해 전 세계인에게 더 나은 삶을 제공할 토목공학자는 그 어느 때보다도 바로 지금 세상에 꼭 필요합니다.

대안 주택

어떤 사람에게는 물 위에 떠있는 부유식 주택(Floating Home)이 홍수와 자연재해를 극복하는 방안이 되기도 합니다. 토목공학자는 건축가, 도시 계획가와 협력해 새로운 형태의 주택을 설계하고 짓습니다.

부유식 주택이 관심을 끄는 데는 몇 가지 이유가 있습니다. 부유식 주택은 물 위에서 잘 버티도록 설계됩니다. 오늘날 해안선을 따라 형성된 거주지와 지역사회가 기후변화와 해수면 상승 때문에 위협받고 있습니다. 물 위에서 잘 유지되는 주택은 파괴적인 홍수도 버텨낼 것입니다. 어떤 지역에서는 해안가뿐만 아니라 내륙에 조성된 지역사회도 허리케인에 의해 파괴됩니다. 부유식 주택을 짓는 건축가와 토목공학자는 강력한 폭풍우가 몰아칠 때처럼 수위가 변화하는 상황을 감지하면 주택을 물 위에 띄워서 보호하는 첨단 기술도 개발했습니다.

부유식 주택은 환경친화적입니다. 태양 에너지로 작동하고 비 내리는 날 모은 물을 사용하며 자급자족하도록 설계되지요. 땅속 깊이 토대를 세우지 않아서 토양 생태계를 교란하지 않는다는 장점도 있습니다. 하지만 일부 사람들은 부유식 주택이

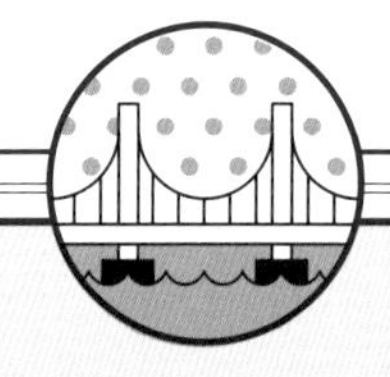

공학자로 일하면서 가장 보람을 느끼는 순간은 언제인가요?

"최선의 문제 해결책을 찾았을 때입니다.
'아하!'라고 외치는 바로 그 순간이죠."

— **토목공학자 엘레나 닐로(Elena Nirlo)**

물속 생태계를 어지럽힐 수 있다며 우려합니다. 토목공학자는 부유식 주택이 환경에 미치는 영향도 반드시 따져 보아야 합니다.

덴마크의 한 기업은 학생에게 보급하려는 목적으로 저렴한 부유식 주택을 설계했습니다. 이 부유식 주택은 더는 사용하지 않는 컨테이너를 재활용해서 지으므로 환경 보호에도 도움이 됩니다. 그리고 소박하지만 깔끔하고 편리하며, 자전거 보관소와 보트 시설도 손쉽게 이용할 수 있습니다.

내진 건물 설계

2010년 강력한 지진이 히스파니올라(Hispaniola)섬의 아이티(Haiti)공화국을 강타했습니다. 아이티에 구축된 기반 시설은 건설 당시 진도 7.0까지는 고려하지 않았던 탓에, 마을과 도시 건물들이 지진으로 파괴되고 말았습니다. 아이티 인구의 약 3분의 1에 해당하는 100만 명이 집을 잃었고, 수천 명이 목숨을 잃었습니다.

내진 설계의 기준이 되는 건축법은 지역에 따라 내용이 다릅니다. 즉, 해당 지역에서 발생할 수 있는 가장 강력한 지진에 건축법이 대응해야 합니다. 하지만 아이티에 지진이 일어난 2010년은 내진 설계를 강제하는 건축법이 시행되기 전이었습니다.

내진 구조물은 다양한 재료와 형태로 설계됩니다. 지진이 발생했을 때 무너지지 않고 흔들리거나 앞뒤로 움직이게 되지요. 구조물은 대부분 콘크리트로 단단하게 지어지는데, 단단한 건물은 쉽게 부서집니다. 그래서 지진으로 땅이 흔들리면 콘크리트 건물은 금세 무너져버리지요. 공학자는 건물 골조나 연결 부위에 쓰이는 자재를 선정할 때 지진으로 인한 건물의 흔들림을 방해하지 않는 재료로 골라야 합니다. 오늘날 콘크리트 구조물에는 철골이 쓰여서 지진이 일어나면 구조물이 더욱더 심하게 흔들립니다.

내진 설계가 전문인 토목공학자는 다른 나라에 내진 구조물이 세워지는 동안 축적된 데이터를 활용합니다. 컴퓨터 시뮬레이션도 요긴하게 사용하지요.

농업

미국 농무부는 2050년이면 세계 인구가 90억 명을 돌파하리라 전망합니다. 이때 전 세계 인구의 60퍼센트 이상은 신선한 농산물을 손쉽게 구할 수 없는 도시 지역에 살 것입니다. 농사에 적합한 토지를 충분히 활용할 수 없는 것도 문제입니다. 농지가 도시로 개발되거나 빗물에 침식되어 면적이 줄었기 때문이지요. 증가하는 인구에 대응해 신선한 식량을 충분히 공급할 한 가지 방안은 수직 농업입니다. 수직 농업은 친환경적인 데다 농업용수가 적게 드는 까닭에, 인구가 늘어남에 따라 증가하는 도시의 식량 수요를 맞추는 데 도움이 됩니다.

수직 농업은 넓은 농지에 조성한 전통적인 야외 농장이 아닌, 실내에 설치한 수직 구조물에서 식물을 재배합니다. 이 농법은 다방면으로 장점이 많습니다. 가령 햇빛이 들지 않아도 LED 조명을 써서 농사를 지을 수 있지요. 연구에 따르면 수직 농장은 전통 농법보다 비료를 70퍼센트, 물을 98퍼센트 더 적게 쓴다고 합니다.

토목공학자는 식물을 재배하는 구조물을 설계해 수직 농업 분야에 혁신을 불러옵니다. 농작물에 자동으로 물을 주고 비료를 뿌리는 장비도 설계해 제작합니다. 토목공학자가 이룬 성과를 바탕으로, 미국 농무부는 수직 농장에서 재배된 신선한 식품을 모든 사람이 손쉽게 구할 수 있는 미래를 구상합니다.

재생 에너지

화석 연료를 비롯한 천연자원이 고갈되고 있습니다. 화석 연료는 환경을 오염시키는 물질도 배출하지요. 그리하여 청정 재생 에너지 자원을 발굴하는 분야가 토목공학에서 주목받고 있습니다.

청정 재생 에너지원 중에는 파도치는 바다가 있습니다. 바다 수면 위의 공기가 뜨거워지면 바람이 형성됩니다. 이 바람이 바다 표면에 파도를 일으키지요. 바다 파도는 놀랄 만큼 규모가 큰 에너지원으로, 잠재력이 풍부합니다. 토목공학자는 파도 에너지를 활용해 인류가 매일 사용하는 수많은 제품에 동력을 공급할 방법을 찾습니다.

파도 에너지는 다른 재생 에너지와 비교하면 두 가지 탁월한 장점이 있습니다. 첫째, 파도 에너지는 태양 에너지와 다르게 하루 중 언제나 이용할 수 있습니다. 날씨가 흐리거나 바람이 불지 않아도 이용 가능합니다. 파도는 언제나 바다에 존재하기 때문이지요. 둘째, 파도가 생성하는 에너지는 바람이 생성하는 에너지보다 약 1000배 더 강합니다.

파도 에너지를 이용하는 방식은 다양합니다. 어떤 방식은 파도가 해안에 부딪칠 때 발생하는 에너지를 이용합니다. 어떤 방식은 먼바다에서 치는 파도 에너지를 활용하지요. 밀물과 썰물의 수위 차이를 이용하는 방식도 여전히 유효합니다. 이 모든

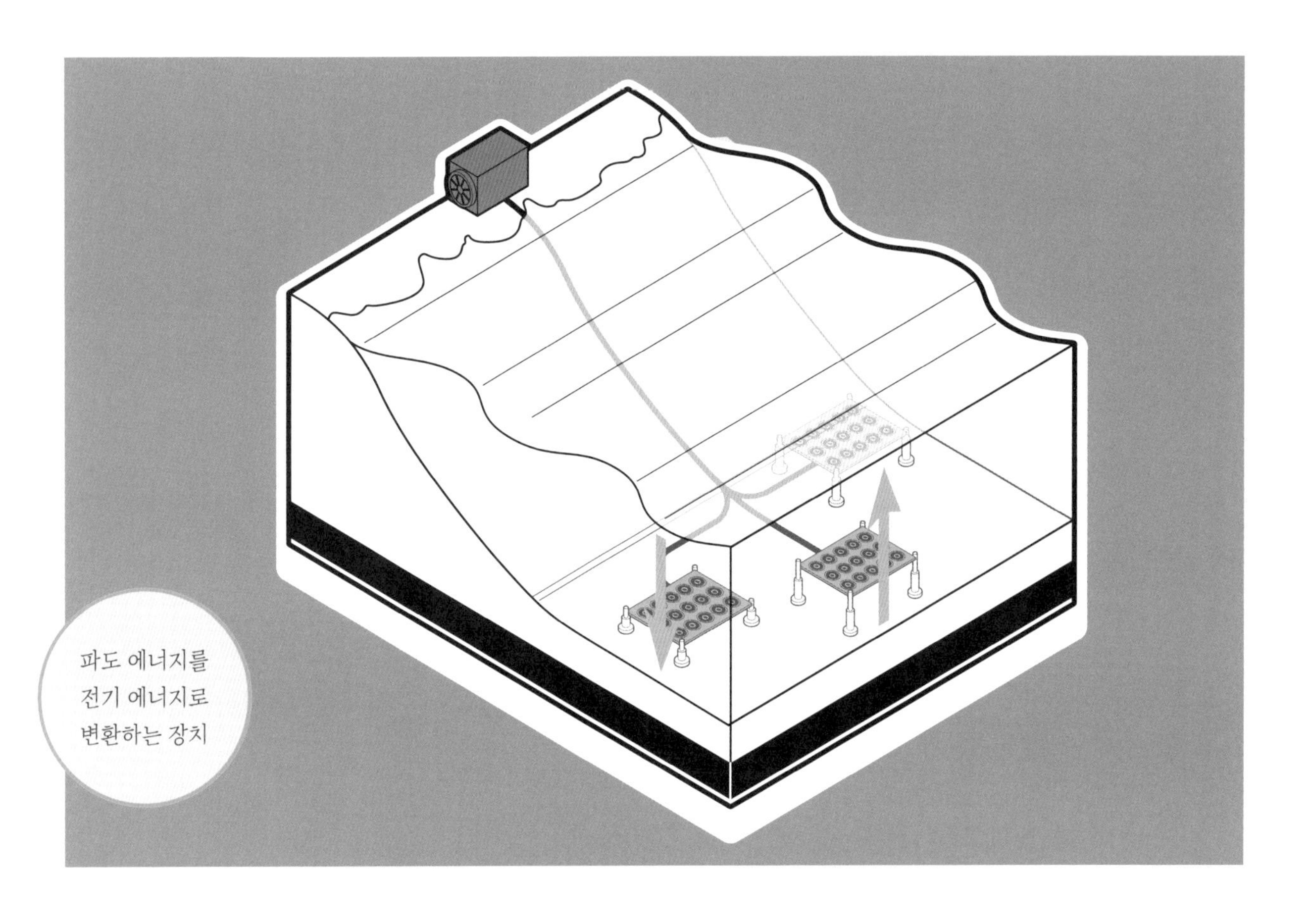

방식의 목표는 하나입니다. 물의 움직임을 전기 에너지로 변환하는 것이지요. 변환된 전기 에너지는 전기 형태로 주택과 회사에 송전됩니다.

토목공학자는 움직이는 물체가 지닌 운동 에너지를 활용하는 신기술도 개발합니다. 사람이나 물체의 운동 에너지는 질량과 속도로 결정됩니다. 예컨대 여러분은 걸을 때보다 달릴 때 더 많은 운동 에너지를 지닙니다.

토목공학자는 여러 운동 에너지원 가운데 보행자를 활용합니다. 걷는 사람의 발이 땅에 부딪칠 때 발생하는 에너지를 모아서 전기 에너지로 변환하는 물질을 개발해 타일로 만들었지요. 타일에서 생성된 전기 에너지는 전기 설비와 조명에 공급됩니다. 이 타일 물질은 보행자가 많은 지역에서 효과가 가장 큽니다. 이러한 기술은 브라질

리우데자네이루에서 성공적으로 활용되었는데, 축구 선수들이 뛰면 전기가 생성되어 축구 경기장을 둘러싼 조명으로 공급됩니다.

이와 비슷한 원리를 토대로 토목공학자는 전기를 생산하는 도로포장 원료도 개발합니다. 에너지원은 도로 표면에 도달하는 태양 에너지와 자동차의 운동 에너지입니다. '에너지 수확기'가 달리는 자동차에서 얻은 에너지를 전지 에너지로 변환하지요. 영국에서는 이 기술로 가로등 2000개에서 4000개 정도를 켤 수 있는 전기를 얻습니다. 전기 수확량은 교통량에 따라 달라지는데, 앞에서 언급한 만큼 전기를 수확하려면 도로를 달리는 자동차가 시간당 2000대에서 3000대는 되어야 합니다. 이 분야에 종사하는 토목공학자는 에너지 기술을 이해할 뿐만 아니라, 재료공학적 지식과 경험도 풍부해야 합니다.

진로 체크리스트

다양한 분야에 걸쳐 있는 토목공학은 오늘날도 끊임없이 발전하고 있습니다. 미래에 토목공학자가 되려면 갖추어야 하는 자질은 다음과 같습니다.

○ 체계적으로 정리하기를 좋아하고, 기획과 설계 능력이 뛰어나다.

○ 수학과 과학을 좋아하며, 그중에서도 삼각법처럼 계산 결과를 도형이나 도표로 나타내는 데 도움을 주는 분야를 좋아한다.

○ 글을 잘 쓰고, 발표력이 뛰어나다.

○ 리더십이 있다.

○ 과학 기술에 관심이 많으며, 특히 컴퓨터 프로그램으로 무언가를 설계하는 일에 흥미를 느낀다.

○ 프로젝트 목표 달성을 위해 다른 사람과 협상할 수 있다.

토목공학과 관련된 전문 분야

토목공학은 온갖 분야에 영향을 줍니다. 토목공학에서 파생한 몇몇 하위 분야도 존재하지요. 그러한 하위 분야 중에서 독보적인 공학 분야로 성장한 분야도 여럿 있으며, 이들 분야는 여전히 토목공학과 영향을 주고받습니다. 다양한 분야에서 여러분이 현장으로 진출할 날을 기다리고 있습니다. 다음은 토목공학과 관련이 있는 전문 분야입니다.

건설공학

건설 프로젝트에는 다양한 요소가 포함됩니다. 건설공학자는 건물과 구조물을 어떻게 설계할지 계획하고 추진할 뿐만 아니라, 프로젝트를 관리하면서 건설에 참여하는 여러 분야 사람들을 상대합니다. 전공 분야가 다른 공학자는 물론 기계 기술자, 전기 기술자, 목공 기술자 등 계약자와 건설 의뢰인과도 호흡을 맞춰야 하므로, 의사소통 능력이 뛰어나야 하지요. 프로젝트를 책임지는 건설공학자는 일정을 관리하고, 업무 적임자를 찾아 채용하며, 자재와 장비를 선택합니다. 그리고 토지와 구조물을 측량하거나 도면으로 그릴 줄 알면 업무에 도움이 됩니다.

건설공학자는 여러 사람과 팀을 이루어 각종 건설 사업을 기획, 지휘, 감독합니다. 대형 기계나 전기 체계를 설계하고 개발하며 유지보수도 하지요. 또 건설 계획을 세우거나 건설 과정을 감독하고, 프로젝트를 관리하거나 기술 문서를 작성합니다. 사무실에서 일하는 건설공학자도 있긴 하지만, 대부분은 현장에서 많은 시간을 보냅니다.

모든 공학자가 그렇듯이 건설공학자도 항공이나 에너지 같은 특정 산업 분야에서 전문가로 활약합니다. 예컨대, 어떤 건설공학자는 주거용 혹은 상업용 건물을 전문적으로 짓습니다. 교량, 터널, 고속도로 같은 사회 기반 시설을 전문적으로 구축하는 건설공학자도 있지요. 규모가 큰 경기장이나 체육 시설을 설계하고 건설하는 민간사업 분야에도 건설공학자 수요가 많습니다.

환경공학

환경공학자는 자연과 사람을 환경 오염으로부터 보호하고, 환경을 폭넓게 개선하는 일에 집중합니다. 이러한 일을 하려면 생물학, 화학, 물리학, 지질학과 같은 과학 과목을 섭렵해야 하지요. 그리고 건설공학자와 마찬가지로 대기 관리, 폐기물 관리, 수질 관리 등 한 가지 분야에서 전문가로 활동하기도 합니다.

환경공학자는 폐기물 관리 체계를 설계하고, 환경 오염 과정을 규명하고, 오염 현장을 정화하고, 폐기물 처리 절차와 오염 방지 규정을 수립하고, 환경과 자원을 보호하는 기술을 평가하고 강화합니다. 이러한 환경 보호 활동 덕분에 가정으로 공급되는 수돗물이 깨끗하게 유지되지요. 환경공학자는 이따금 크고 작은 회사와 국가 기관으로부터 다양한 환경 문제에 관해 조언해달라고 요청받습니다. 그럴 때면 환경을 보호하고 개선하는 방법이나 독성 물질로 오염된 현장을 정화하는 방안을 의뢰 기관에 제안합니다.

환경공학자는 보건복지부나 환경부 같은 정부 기관에서 일합니다. 컨설팅 기업이나 환경 설비 기업 같은 민간 기업에서도 일하지요.

환경공학자는 사무실 밖에서 중요한 업무를 수행할 때도 있습니다. 현장을 방문해 오염 실태를 점검하고, 토양이나 물을 채취해 분석한 다음 현장 관계자와 협의합니다.

현장 업무를 마치고 사무실로 돌아오면, 환경공학자는 관계자와 전화로 연락을 주고받고, 정책을 연구하고, 회의에 참석해 다른 전문가와 의견을 나누고, 보고서를 작성하거나 정부 제출 자료를 준비하고, 환경 모델을 구축해 향후 계획을 세우고, 환경 영향성 평가를 추진하는 등 수많은 업무를 처리합니다. 일부 환경공학자는 컴퓨터 시뮬레이션을 통해 환경 모델을 만든 다음 환경 보호 프로젝트를 여러 관점에서 분석합니다.

지반공학

지반공학자는 토양과 바위에서 일어나는 반응에 주목합니다. 자연환경의 어떤 영향으로 땅이 기울어지게 되는지, 혹은 안정한 상태로 유지되는지 알아내려 하지요. 이러한 내용은 아직 개발되지 않은 지역에 새 도로를 건설하려면 반드시 알아야 합니다.

지반공학자는 천연자원을 관리하는 체계를 구축합니다. 수처리 시설로 쓰일 저수지를 설계하고, 축대벽을 설치하기에 가장 적합한 위치를 찾고, 쓰레기 매립장과 댐을 건설하고, 산사태나 눈사태 또는 싱크홀이나 지진 같은 자연재해의 위험성을 평가할 지반 안정성 기준을 세웁니다.

지반공학자는 사회 기반 시설을 구축하는 과정에서 중요한 역할을 합니다. 이를테면 다리를 건설할 때 땅 어느 지점에 다리를 지지하는 기둥을 세울지 결정하지요. 땅이 다리 기둥을 버틸 수 있는지도 확인합니다. 지반공학자는 바위를 통과하는 터널도 설계합니다. 터널을 설계할 때는 여러 난관에 부딪히곤 합니다. 바위의 특성을 잘 알아야 하며 바위가 폭발할 가능성도 따져야 합니다. 바위가 압력을 받으면 바위의 안정성이 변화해 현장 노동자가 위험에 빠질 수 있습니다. 터널 건설에는 특수 장비뿐만 아니라 높은 수준의 지질학 지식도 필요합니다.

지반공학자는 도시나 교외 지역, 혹은 공원에 대형 구조물을 주로 설계합니다. 지반공학 프로젝트 가운데 유명한 사례로 보스턴에서 추진된 '빅 딕(Big Dig)'이 있습니다. '빅 딕' 프로젝트 덕분에 40년간 사용된 고속도로가 새로운 지하 고속도로로 대체되었습니다. 이 지역 토양 구조는 태생적으로 불안정했기 때문에, '빅 딕'이 진행되는 동안 열악한 토양을 안정화하는 프로젝트도 함께 추진되었습니다. 그리고 공학자들은 새 터널이 놓이는 동안, 가능한 한 기존 도심 교통을 방해하지 않으려고 노력했습니다.

도시공학

도시가 어떻게 계획되는지 궁금한가요? 삶의 질 향상과 지속가능한 환경 조성을 목표로 도시 혹은 지역 공동체를 개발하고 싶다고 생각한 적이 있다면, 도시공학이 적성에 잘 맞을 것입니다.

지역 공동체를 개발하려면 철저히 연구하고 계획을 세워야 합니다. 마을에 필요한 기반 시설을 모두 떠올려봅시다. 수도 공급 체계, 수처리 체계, 폐기물 관리 및 처리 설비, 도로, 대중교통 수단, 다리, 공항, 기차역, 상업지역, 주거지역, 전기와 가스 같은 에너지 공급 설비, 공원 등이 있지요. 도시공학자는 새로운 도시공동체 설계에 활발히 참여해 앞으로 새 도시에서 살아갈 시민들의 삶의 질을 직접적으로 변화시킵니다. 특히 스마트 도시 구축에 필요한 최첨단 기술을 개발해 구조물을 설계하거나 유지보수합니다. 도시공학자는 각 지방자치단체에 소속되어 활동하기도 합니다.

도시 설계 프로젝트는 규모가 크고 복잡하므로 도시공학자는 조직 관리, 의사소통, 정보 통합 능력을 갖추어야 합니다. 도시공학자가 관리하는 팀은 프로젝트의 성격에 따라 달라집니다. 도시공학자는 또한 복잡한 작업 일정을 관리하고, 예산을 책정해야 합니다. 프로젝트 진행 도중 발생하는 일도 빠짐없이 감독해야 합니다. 관련 규제 및 건축·산업 규약을 전부 숙지해서, 프로젝트가 법 기준에 맞게 추진되는지도 확인해야 하지요.

도시공학자는 도시계획가, 건축가, 조경가 등 다양한 공학 분야 전문가와 함께 일합니다. 그리고 다른 공학 분야와 마찬가지로, 프로젝트를 분석하고 타당성을 조사해 보고서를 작성합니다.

교통공학

교통공학자는 이름에서 알 수 있듯이 도시 내외부를 연결하는 도로, 버스 기반 시설, 지하철, 기차 노선 등 교통 경로와 체계를 설계하고 관리합니다. 그리고 모든 사람이 안전한 교통수단을 편리하고 효율적으로 이용할 수 있도록 노력합니다. 어떤 경로로 대중교통이 연결되면 좋을지, 승차 공유가 차량 흐름에 어떤 영향을 미치는지, 긴급 상황에서 교통 체계가 소방차나 응급의료서비스에 어떤 식으로 대응해야 하는지도 알아야 하지요. 예컨대, 구급차가 이동할 때 적색 신호를 녹색 신호로 안전하게 전환하는 제어장치를 만드는 기술이 여기에 포함됩니다. 교통공학은 일반적으로 육상 교통을 다루지만, 공항이나 항구를 계획하고 개발하기도 합니다.

오늘날에는 환경 보호의 중요성이 떠오르면서 환경 오염을 적게 유발하도록 대중교통을 계획하는 일에 많은 관심이 쏠리고 있습니다. 어떤 사람들은 자동차 운행 시간을 줄여 배기가스 배출량을 낮추려고 합니다. 지역에 따라서는 값싸고 편리하며 환경친화적인 대중교통 체계를 확장하기도 하지요.

교통공학자는 국가 기관에 소속되어 일하며, 특히 도로나 대중교통과 관련된 모든 업무를 수행합니다. 철도 회사나 항공사에서 교통 전문가로 활동하는 등 민간 기업에서도 일합니다.

교통공학자는 특정 지역에 형성되는 차량 흐름과 같은 복잡한 상황을 관찰하고 분석해야 합니다. 그리고 분석 결과를 토대로 안전하고 비용이 적게 드는 교통 문제 해결책을 제시할 수 있어야 합니다. 또 조직을 관리하고 보고서를 작성하는 데 필요한 뛰어난 의사소통 능력도 갖추어야 합니다.

토목공학이 해결해야 할 과제

토목공학자는 기존 사회 기반 시설을 개선하고 유지보수하는 일 이외에, 환경 문제와 연결되는 새로운 과제에도 도전합니다. 이러한 과제는 특히 기후변화와 관련이 있습니다. 지구 온도가 상승하면서 빙하와 빙산이 점점 녹고 있습니다. 빙하와 빙산이 녹은 물은 해수면을 상승시킵니다. 전 세계 해안가에는 해수면 상승에 영향을 받는 지역사회가 상당수 존재합니다. 예를 들자면, 뉴올리언스는 지금 가라앉는 중입니다. 1700년대 초 이 도시가 형성되었을 때 해발 고도는 약 3미터였습니다. 하지만 현재는 뉴올리언스의 많은 면적이 해수면 아래에 놓여 있으며, 금세기 말 무렵이면 해수면보다 4.5미터에서 5.5미터 아래에 있으리라 추정됩니다.

토목공학자는 허리케인이나 토양 침식과 같은 재해에도 대비해야 하는데, 이러한 자연재해는 건물을 부수거나 심지어 무너뜨릴 수도 있습니다. 토목공학자는 미래 사회에 막대한 영향력을 지닐 것입니다.

토목공학자는 물 문제 해결에도 나섭니다. 현재 수많은 지역사회가 깨끗한 물을 이용하지 못합니다. 이 문제를 해결할 기발한 아이디어로 가시 배 선인장(Prickly Pear Cactus)을 이용하는 방법이 있습니다. 탬파 사우스플로리다대학교의 노마 앨컨타(Norma Alcantar) 박사는 가시 배 선인장이 분비하는 점액으로 오염된 물을 정화할 수 있음을 증명했습니다(점액은 젤라틴과 유사한 물질로 일부 식물에서 발견됨). 앨컨타와 연구진은 2010년 지진이 아이티를 강타하기 전부터 점액을 활용하는 물 정화법을 연구해왔습니다. 지진으로 식수가 오염된 후 앨컨타 박사는 아이티에 가시 배 선인장이 자생한다는 사실을 알게 되었고, 선인장 점액으로 오염된 식수를 정화하기 시작했지요.

토목공학자에게 주어진 또 다른 과제는 자율주행 기술입니다. 많은 자동차 제조업체가 2030년 이전에 자율주행차를 생산할 계획입니다. 자율주행차는 토목공학자와 교통공학자가 활약할 새로운 전문 분야를 만들어 나가는 동시에 낯선 도전 과제를 던질 것입니다. 이를테면 자율주행 차량이 달리는 도로의 설계와 안전, 자율주행 교통 관리와 신호 제어, 일반 차량과 자율주행 차량이 공존하는 '혼합 교통' 등 다양한 논란거리가 새롭게 떠오를 것입니다.

토목공학을 전망하다

토목공학자가 활약할 미래의 첨단 분야로 폐기물 매립지 및 폐기물 처리 과정 설계가 있습니다. 기술은 항상 변화하며, 신기술이 도입되려면 체계가 새로 마련되어야 합니다. 토목공학자는 특정 폐기물을 처리하는 데 어느 매립지와 어떤 처리 과정이 적합한지 연구할 것입니다. 예를 들자면, 폐기물에 함유된 금속이나 독특한 오염 물질을 고려해 매립지와 처리법을 정합니다. 그리고 자연환경 및 지역 거주민 보호를 최우선으로 두고 폐기물 매립지를 설계합니다. 이외에 지하수 관리, 교통 체증 저감, 건물 에너지 효율 개선, 토양 침식을 방지하는 기술 개발 등이 미래 유망 분야로 꼽힙니다.

최근 들어 가정과 기업, 도시가 점점 '스마트'해지고 있습니다. 다양한 장치와 기능을 원격으로 조정할 수 있게 되었지요. 가령 스마트 시스템이 설치되어 있다면 다른 지역에서 휴가를 보내는 동안에도 집 조명을 끄고 켤 수 있습니다. 이 개념이 이제는 도시에서 일어나는 수많은 활동과 서비스에 적용됩니다. 토목공학자는 '미래 도시'가 변화하는 방향을 읽어내고, 스마트 도시를 현실로 구현해야 합니다.

기존의 사회 기반 시설을 스마트 기술이 적용되도록 개조하기보다는, 처음부터 스마트 도시를 설계하는 편이 쉽습니다. 한국에는 국내 최초 스마트 도시로 송도 국제업무지구가 건설되고 있습니다. 이 도시에는 시민을 돕고 보호하는 데 필요한 모든 기술이 갖추어질 전망입니다. 송도 시민은 양방향 소통이 가능한 온라인 플랫폼이나 미디어 장치로 정보를 얻고, 그 정보를 토대로 의사결정을 할 것입니다.

스마트 기술은 교통 체증도 개선합니다. 송도에 구축되는 중앙 시스템은 도시 전체의 교통 상황을 감시합니다. 그러다가 특정 경로에서 통행량이 늘어나 혼잡해지면, 해당 경로를 다니는 버스로 교통 상황을 알리는 메시지를 전송합니다. 덜 혼잡하며 효율적인 방향으로 버스 경로를 변경하거나 운행하는 버스 수를 조절할 수도 있지요. 혼잡한 도로에서 허비하는 시간을 줄여 버스 승객을 만족시키는 것이 이 시스템의 목표입니다.

스마트 도시는 훗날 전 세계 곳곳에 건설될 것입니다. 하지만 기존에 형성되어 있던 도시가 전부 스마트 도시로 전환되지는 않을 것입니다. 토목공학자는 전통적인 지역사회와 스마트 도시를 어떻게 연결할지, 그리고 기존 도시를 구성하는 요소들과 기반 시설을 스마트 기술과 어떻게 융합할지 고민해야 합니다.

스마트 도시

토목공학자와 구조공학자는 전자 통신이 원활하게 이루어지도록 돕는 차세대 재료를 개발하고, 절차를 설계할 것입니다. 앞으로 수십 년간 통신 사업 분야는 기존 기지국의 설계를 수정하거나 위치를 검토하고, 첨단 무선통신 기지국을 개발할 창의력 넘치는 공학자를 찾을 것입니다.

토목공학의 미래

토목공학자가 연구·개발에 몰두하며 흘린 땀방울이 현재와 미래를 변화시킵니다. 지금도 진행되고 있는 한 토목공학 프로젝트는 수자원에 집중합니다. 미국의 많은 지역사회가 물을 낭비합니다. 그래서 물을 버리지 않고 재활용해 비용을 절감하는 장치가 연구되고 있지요.

이 책 전반에 걸쳐 언급되는 물은 지구에서 가장 소중한 자원 중 하나입니다. 인간은 살아가는 매 순간 물이 필요합니다. 미국에는 물이 풍부한 지역도 많이 있지만, 미국 안팎의 수많은 지역사회가 깨끗한 물을 사용하지 못합니다. 미국 밖으로 나가면 일부 지역에서는 물을 구하는 것 자체가 불가능합니다. 토목공학자는 이 같은 물 문제를 해결해 전 세계인의 삶을 개선할 것입니다.

바다에 가기는 쉽지만, 아무리 목이 말라도 바닷물을 마실 수는 없습니다. 짠 바닷물로는 농사도 지을 수 없지요. 높은 염분은 식물에 독이 됩니다.

캘리포니아주에 설립된 로렌스버클리국립연구소는 바닷물의 염분을 낮추거나 완전히 제거하는 기술, 그리고 물속 오염 물질을 정화하는 기술을 연구합니다. 연구에 성공하면, 그 혁신적인 기술을 바탕으로 농업용수와 식수를 생산할 것입니다. 물에서 오염 물질을 완벽하게 제거하는 기술을 개발하면, 산업 폐수와 생활 폐수도 정수해서 사용할 것입니다. 버클리 연구진은 폐수의 90퍼센트를 기존 상수도와 같은 비용으로 재사용하는 기술을 개발한다는 야심 찬 목표를 세웠습니다.

폐수 재사용 기술을 개발하려면, 토목공학자는 통념에서 벗어나야 합니다. 오늘날 인류가 구축한 수처리 체계는 단순한 선형(Linear) 단계를 따릅니다. 즉, 담수를 얻고 정수해서 사용한 다음에 폐수 처리를 한 뒤 버리는 것이지요. 이 방식은 간단하고 편리했습니다. 그러나 인구 증가로 인해 선형 수처리 방식이 한계에 다다랐다는 사실이 드러났고, 따라서 새로운 접근법이 필요해졌습니다. 로렌스버클리국립연구소가 이끄는 이 프로젝트는 바닷물이나 산업 폐수를 수자원으로 활용합니다. 그리고 염분 함량이 높거나 오염된 물을 연구진이 개발한 첨단 정수 기술로 처리해 깨끗하고 안전하며 사용 가능한 물로 탈바꿈시킬 것입니다. 물을 재활용하면 수처리 체계는 선형에서 원형(Circular)으로 변화하지요. 창의력을 발휘해 세상에 없던 아이디어를 도출하는 능력은 공학자에게 꼭 필요한 자산입니다. 공학자는 아이디어로 세상을 바꿉니다!

4장

전기공학

전기공학이 불러온 혁신

2019년 유엔 장애인 권리협약은 인공지능(AI)에 장애인의 사회 참여와 독립을 돕는 잠재력이 있다고 밝혔습니다. 인공지능은 컴퓨터가 인간처럼 생각하고 연산하며 상황에 따라 연산을 적용하도록 만드는 기술입니다. 인공지능은 이미 확립된 분야로 우리가 사용하는 다양한 기술이 인공지능을 활용합니다. 예컨대 작성한 이메일에서 틀린 철자와 맞춤법을 찾아주는 도구는 인공지능과 '자연어 처리' 기능을 사용하는데, '자연어 처리'란 컴퓨터로 인간의 일상 언어를 해석하고 처리하는 기술입니다. 인터넷 검색을 할 때면 늘 등장하는 광고 또한 인공지능 알고리즘에 기반을 둡니다. 이 알고리즘은 인터넷 이용자가 검색한 기록을 분석하지요. 인공지능 알고리즘을 활용하는 기술은 일상에서 쉽게 찾을 수 있습니다. 의료기기, 자율주행차, 휴대폰에 설치된 개인 일정 관리 앱, 진공청소기 같은 가전 기기, 가족의 선호 온도를 예측하는 난방 조절기 등이 인공지능 알고리즘을 토대로 작동합니다.

인공지능은 시력, 청력, 보행 능력, 인지 및 학습 능력에 장애가 있는 사람들이 더욱 행복한 삶을 누리도록 도울 수 있는 잠재력을 지닙니다. 인공지능으로 구동하는 기술은 특히 장애인이 인간관계를 맺고, 교육을 받고, 직업을 갖는 데 큰 도움을 주지요. 이 모든 일은 공학자가 인공지능에 '포괄적 설계'를 적용해야만 가능합니다. 포괄적 설계란 가능한 한 많은 사람이 사용할 수 있도록 어떤 대상을 설계하는 것을 의미합니다.

전 세계에서 청각장애가 있는 사람들 약 7000만 명이 수어(Sign Language)로 의사소통합니다. 전기공학자는 수어로 대화하는 청각장애인을 위해 '수어-문자 변환'이라는 혁신적인 기술을 연구합니다. '수어-문자 변환' 기술은 청각장애인이 수어를 모르거나 제대로 구사하지 못하는 사람과 편안하게 의사소통하도록 돕습니다. 먼저 청각장애인이 태블릿과 같은 장치에 수어 동작을 기록합니다. 그러면 장치가 기록된 동작을 음성이나 문자로 변환합니다. 이 장치는 수어 동작을 추적하는 3D 카메라가 달려있어서, 수어를 모르는 사람과 청각장애인이 대화할 수 있게 해줍니다.

'수어-문자 변환' 기술을 선도하는 기업 킨트랜스(KinTrans)는 머신러닝 알고리즘을 적용해 수집한 데이터를 바탕으로 AI를 학습시킨 다음, 3D 카메라에 입력된 수어를 텍스트로 변환했습니다. 이러한 방식으로 소프트웨어를 개발하려면 막대한 AI 훈련 데이터가 필요하며, 지금도 미국 수어 동작 3D 데이터베이스를 구축한다는 목적으로 데이터가 수집되고 있습니다.

피츠버그대학교 학생팀도 킨트랜스와 유사한 컴퓨터공학 기법을 활용해 소프트웨어를 개발하는 중인데, 이들은 데이터베이스 규모를 줄여서 변환 속도를 높인다는 목표를 세웠습니다. 이 팀에 소속된 크리스토퍼 파스퀴넬리(Christopher

Pasquinelli)와 하이후이 주(Haihui Zhu)는 미국 수어를 문자로 변환하는 데 성공했습니다. 그런데 데이터가 너무 방대해지자, 처리해야 하는 정보량을 줄이기 위해 손에서 주요 부위 23개를 정했습니다. 이들이 개발한 시스템은 23개 부위를 추적한 다음 컴퓨터 알고리즘으로 수어 동작을 문자로 변환합니다.

깊이 들여다보기

전기공학은 근래에 등장한 공학 분야 중 하나로 전기 기술을 다룹니다. 전기공학자는 전자, 전기, 통신, 신호 처리, 전자기학 등을 탐구하지요. 그리고 수학과 물리학을 전기 및 전기 에너지에 응용하고, 개발한 첨단 시스템과 장비를 활용해 문제를 해결합니다. 전기공학자는 교통, 통신, GPS, 웹 접근성, 에너지 효율과 같은 분야를 중심으로 정부, 민간 기업, 주요 연구 기관 및 국가 연구소에서 일합니다.

19세기 이후 전기공학은 어느 분야보다 앞서 변화를 주도했습니다. 초소형 칩부터 거대한 발전소에 이르기까지, 전기공학과 컴퓨터공학은 일상 어디에서나 발견됩니다. 전구를 발명한 토머스 에디슨(Thomas Edison), 라디오를 발명한 굴리엘모 마르코니(Guglielmo Marconi), 텔레비전을 발명한 필로 판스워스(Philo Farnsworth) 등 몇몇 공학자들이 전기공학의 선구자로 역사에 이름을 남겼지요.

지난 몇 년간 전기공학은 전 세계 사회와 문화를 송두리째 바꿔놓았습니다. 전기공학자는 오늘날 우리가 당연하게 여기는 기술 혁신을 수없이 이뤘습니다. 휴대폰과 컴퓨터가 개발되면서 정보 전달이 편리해지자, 아이디어가 전 세계에 폭발적으로 확산하기 시작했습니다. 이제 사람들은 타인과 직접 만나지 않고도 의료, 교육 등 필요한 자원을 얻거나 공유하며 소통할 수 있습니다. 인터넷을 떠올려봅시다. 인터넷이 최초로 개발된 지는 50년이 넘었는데, 전 세계에서 인터넷 접속을 할 수 있게 된 건 전기공학자 덕분입니다. 인터넷 기술이 발전한 결과 방범 체계가 개선되어 사람들이 안전한 환경에서 살게 됐고, 농업 생산성이 향상했으며, 교육 및 지식 접근성이 올라가 외딴 지역에 거주하는 사람들도 예전보다 윤택한 삶을 누리게 되었지요.

전기공학자는 의료 분야에서 투석기, 심박 조율기, MRI 촬영 장비, 생체 이식 장치 등을 개발합니다. 의료기기의 하드웨어와 소프트웨어를 설계하거나, 기계공학자와 힘을 합쳐 수술 로봇을 만들기도 합니다.

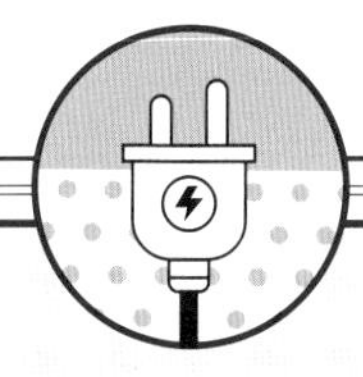

공학자로 일하는 동안 무엇이 가장 힘들었나요?

"국방 및 항공우주 산업계에서 일하는 동안 저를 가장 힘들게 했던 것은, 제가 설계한 결과물이 누군가의 생사에 직접적으로 영향을 미친다는 부담감이었습니다. 이제는 제가 하는 모든 일이 군인과 우주 비행사, 그들을 돕는 지원 인력들을 무사히 집으로 돌아갈 수 있게 해준다는 자부심을 품고 일합니다."

— **전기공학자 네빌 메이콕 주니어**(Neville Maycock JR.)

전기공학자가 하는 일

우리 일상 곳곳에는 전기공학자가 남긴 업적이 스며들어 있습니다. 전기공학자가 없다면 집 안 전등을 켜고, 오븐을 쓰고, 컴퓨터를 작동하는 일은 불가능할 것입니다. 전기공학이 인류에게 안겨주는 혜택은 상상 이상으로 거대합니다. 전기공학자가 혁신을 주도하는 산업을 일부만 나열하면 다음과 같습니다.

건강과 안전

GPS 앱으로 길을 찾거나 분실한 휴대폰을 찾은 적이 있다면, 이 같은 시스템을 구축한 전기공학자에게 고마운 마음을 가져야 합니다. GPS는 운전자의 안전을 지키고 사고 위험을 줄이는 데 중요한 역할을 합니다. 트럭 운전사, 택시 운전사, 배달업 종사자 등 수많은 사람이 운전으로 생계를 유지합니다. GPS는 운전자가 효율적으로 목적지에 도착하도록 도울 뿐만 아니라, 운전 도중 주의가 산만해지는 것을 방지합니다. 운전하는 도중 딴청을 부리면, 예를 들어 간식을 먹거나 문자 메시지를 보내거나 휴대폰을 귀에 대고 통화하면 집중력이 흐트러지기 마련입니다. GPS 안전 감시 기능은 운전 중에 휴대폰으로 전화나 문자 메시지가 들어오는 것을 막아줍니다. 또 문자를 보낸 사람에게 수신자가 운전 중이어서 휴대폰을 쓸 수 없다고 적힌 메시지를 자동 발신합니다.

기업은 GPS가 내장된 팔찌, 배낭, 지갑 등을 디자인합니다. 내장된 GPS의 추적 기능이 실종된 아이, 혹은 알츠하이머병 같은 질병을 앓는 성인의 위치를 추적하는 데 사용됩니다. 실제로 한 기업은 알츠하이머병 환자를 위해 GPS 추적 기능이 들어있는 신발 깔창을 개발했습니다. 이 제품 이름은 GPS 스마트 깔창(GPS SmartSole)입니다. 알츠하이머병에 걸리면 기억력과 방향감각에 문제가 생겨 길을 잃기 쉽습니다. 그래서 환자 혼자서는 외출하면 안 되지만, 가끔은 그래야만 하는 상황이 생기곤 합니다. 홀로 집을 나서면서 알츠하이머병 환자는 휴대폰이나 추적 장치를 챙겨야 한다는 걸 기억하지 못합니다. 결국 길을 잃고, 그다음엔 어떠한 행동을 해야 하는지도 떠올리지 못하지요. 하지만 환자가 GPS 기능이 내장된 신발을 신고 외출하는 한, 첨단 기술을 활용해 위치를 추적할 수 있습니다.

농업

농부는 위성 사진을 보면서 농장 상태를 확인하고, 넓은 경작지에서 농사가 제대로 지어지고 있는지 관찰합니다. 이를 가능하게 해주는 기술 역시 전기공학 분야에 속합니다. 전기공학자는 위성용 센서와 전자 부품뿐만 아니라 인공위성을 개발하는 데에도 큰 역할을 했습니다.

군대에서 쓰이던 위성 기술이 처음으로 민간인에게 보급되자, 농부들은 인공위성을 활용해 농작물이 재배되는 농지의 면적을 확인했습니다. 오늘날은 전보다 다양한 방식으로 인공위성 데이터를 사용하지요. 매주 위성 사진을 확인하는 농부도 많습니다.

농지에 물이 잘 공급되는지 감시하는 인공위성을 활용하면, 농부는 농장에 직접 가지 않고도 위성 사진만 보고 어느 지점에 농업용수를 더 많이 투입할지 판단할 수 있습니다. 규모가 큰 농장은 경작 면적이 수천 제곱미터에 달하므로, 걷거나 운전해서 농장 상태를 확인하려면 상당히 긴 시간이 소요됩니다.

농부는 위성 사진으로 농작물을 구분하고 작물 수확 시기를 결정합니다. 그러한 정보를 토대로 농작물 수확에 얼마나 많은 인력을 동원할지도 판단하지요. 위성 사진은 특정 작물이 언제쯤 식품 유통업체에 출하될 수 있을지 예측하는 과정에서도 유용하게 쓰입니다.

위성 데이터는 농작물에 해충이 창궐했는지도 가르쳐줍니다. 위성 정보를 활용하면 농장에 직접 가지 않고도 해충 상황을 파악할 수 있으므로 시간이 절약됩니다. 농장 어느 지점에 살충제를 뿌려야 하는지도 알아낼 수 있지요. 비료를 뿌려야 하는 지점도 위성 사진을 보고 결정합니다.

오늘날 거의 모든 분야가 그렇듯 농업에도 스마트 기술이 활용되는 덕분에, 농부는 휴대폰으로도 농작물을 관리할 수 있습니다.

교육

인터넷에 접속한 모든 이용자는 수백만 테라바이트(TB)에 달하는 정보와 데이터에 접근할 수 있습니다. 불과 100년 전에 살았던 사람들은 그러한 정보에 접근할 수 없었지요. 이제는 마우스만 몇 번 클릭하면 세계에서 가장 큰 공공도서관도 이용할 수 있습니다. 인터넷이 지금과 같은 모습으로 개발된 것은 1960~1970년대에 활약한 전기공학자들 덕분입니다. 1981년에는 TCP(전송 제어 프로토콜)가 인터넷에 도입되었지요. TCP는 현재 대부분의 인터넷 공간에서 사용됩니다. 2000년에는 와이파이 기술이 인터넷과 결합하면서 휴대폰으로도 인터넷에 접속할 수 있게 되었습니다.

인터넷이 발달하자 교육 분야에도 큰 변화가 일어났습니다. 오늘날 교사는 원격 수업으로 학생을 가르치며 온라인 자료로 수업 내용을 보충합니다. 학생은 클릭 몇 번만 하면 쏟아지는 방대한 정보에서 지식을 얻지요.

교육 자원이 부족하거나 없다시피 한 국가에서 인터넷이 교육 분야에 미치는 영향은 더욱 막강합니다. 전 세계 어느 곳에 머물든 교사와 학생들은 온라인으로 수업할 수 있으며, 이 모든 일은 인터넷이 없으면 불가능했을 것입니다.

주목할 만한 인터넷 단체로 '할머니 클라우드(Granny Cloud)'가 있습니다. 나이나 성별에 제한 없이 자원봉사자가 되어서 일주일에 한 시간씩 세계 방방곡곡의 학생들에게 온라인 수업을 진행하는 단체입니다. 자원봉사자는 멘토로 활약할 수 있고, 학생은 교육을 받을 수 있어 서로에게 유익합니다. 이 모든 일이 가능한 것은 전기공학자 덕택입니다!

의료 기술

전기공학자는 이식형 심장 제세동기처럼 수많은 생명을 구하는 의료기기를 개발합니다. 이식형 심장 제세동기는 흉부에 이식하는 장치로, 필요한 상황이 오면 약한 전기를 심장으로 보내 심장마비나 심부전을 예방합니다.

전기공학자가 개발한 혁신적인 제품에는 홀로그램 스마트폰도 있습니다. 홀로그램 스마트폰을 사용하면, 특수 안경 없이도 스마트폰이 투사하는 3D 영상을 볼 수 있습니다. 게다가 양옆이나 뒤쪽에서도 3D 영상을 볼 수 있으며, 손동작으로 3D 영상과 상호 작용할 수 있습니다. 이 놀라운 기술은 잠재력이 무한하며, 다양한 분야 중 특히 의료 분야에서 빛을 발합니다. 3D 홀로그램 영상을 활용하면 물리적으로 함께 있지 않은 환자를 다양한 각도에서 관찰할 수 있지요. 이는 진단과 치료로 이어지며 환자의 생명을 구합니다. 세계적인 의료진과 전문가로부터 조언을 얻고 정보를 구해서 치료에 활용한다고 상상해보세요. 의사는 환자가 도시 건너편에서 살거나, 악천후로 이동할 수 없거나, 건강이 좋지 않아 장시간 움직일 수 없거나, 다른 대륙에서 살아도 치료할 수 있습니다. 앞으로 홀로그램 스마트폰 기술의 가격이 낮아지고 접근성과 완성도가 올라가면, 인류는 더 많은 혜택을 누릴 것입니다.

의료용 홀로그램
스마트폰

건강

스마트 워치는 신체 활동량을 계산하는 데 유용합니다. 최첨단 전자 기술을 바탕으로 사용자가 몇 걸음을 걸었는지 헤아린 다음, 활동량을 열량 소모량으로 전환해주지요. 일주일 동안 얼마나 많이 걸었는지, 걸음 수가 언제 증가하고 감소했는지도 알려줍니다. 그래프를 그려서 기록을 비교해주기도 합니다. 신체 활동량을 기초로 혈액 내 산소포화도를 계산하거나, 심박수를 비롯한 다양한 정보로 전환하기도 합니다. 일부 스마트 워치는 심장의 전기 활동도 감시합니다. 이러한 감시 기능은 심장병을 앓거나 심장마비에 걸리기 쉬운 사람에게 큰 도움이 됩니다.

이외에도 스마트 워치의 잠재력은 막강합니다. 지금보다 성능이 훨씬 뛰어난 스마트 워치, 이를테면 화면이나 기기 자체를 만질 필요도 없는 스마트 워치가 향후 10년 안에 등장할 것입니다. 그러한 첨단 스마트 워치는 감도 높은 수신기를 장착한 반지 혹은 팔찌 형태로 만들어지는데, 접촉한 피부에서 전달받는 신호를 변환할 수 있습니다. 그리고 변환 신호를 읽어 사용자 건강을 추적 관찰하다가 위험이 감지되면 경고를 내려서, 사용자가 건강하고 행복하게 살 수 있도록 도울 것입니다.

청정 에너지

석탄·석유 기반인 화석 에너지에서 태양광, 풍력, 지열, 파도 등 청정 재생 에너지(녹색 에너지)로 에너지 전환이 추진되자, 전기공학과 관련된 전문 지식 수요도 덩달아 급증했습니다. 전기공학자는 풍력 터빈이나 태양 전지판 같은 장비에 탑재되는 소프트웨어, 하드웨어, 배선, 전기 부품을 설계합니다. 전자 장비에 구축되는 시스템과 신호 전달 체계도 개발하지요.

지열 에너지는 지구 내부에서 나오는 에너지입니다. 지각과 핵 사이에 있는 맨틀에는 우라늄과 같은 방사성 원소가 존재합니다. 방사성 원소는 강한 에너지를 방출하지요. 이처럼 방사성 원소가 방출하는 열에너지가 지열 에너지입니다.

지열 에너지는 새롭게 떠오른 에너지원으로 미래 전망이 밝습니다. 온천 주변과 같은 지역이 지열 에너지의 훌륭한 원천이지요. 아이슬란드는 가정과 사업장에서 쓰는 난방용 에너지의 거의 100퍼센트를 지열 에너지로 충당합니다.

지열 에너지는 전 세계에 고르게 분포하지 않습니다. 그런 이유로 어디에 있는지 찾아내서 사용하기가 어렵지요. 게다가 상용화 단계에 들어서려면 아직 가야 할 길이 멀다는 점에서, 녹색 에너지는 해결하기 어려운 과제에 속합니다. 그럼에도 지열 에너지는 앞으로 전 세계 에너지 수요를 충족하는 데 큰 비중을 차지할 것입니다.

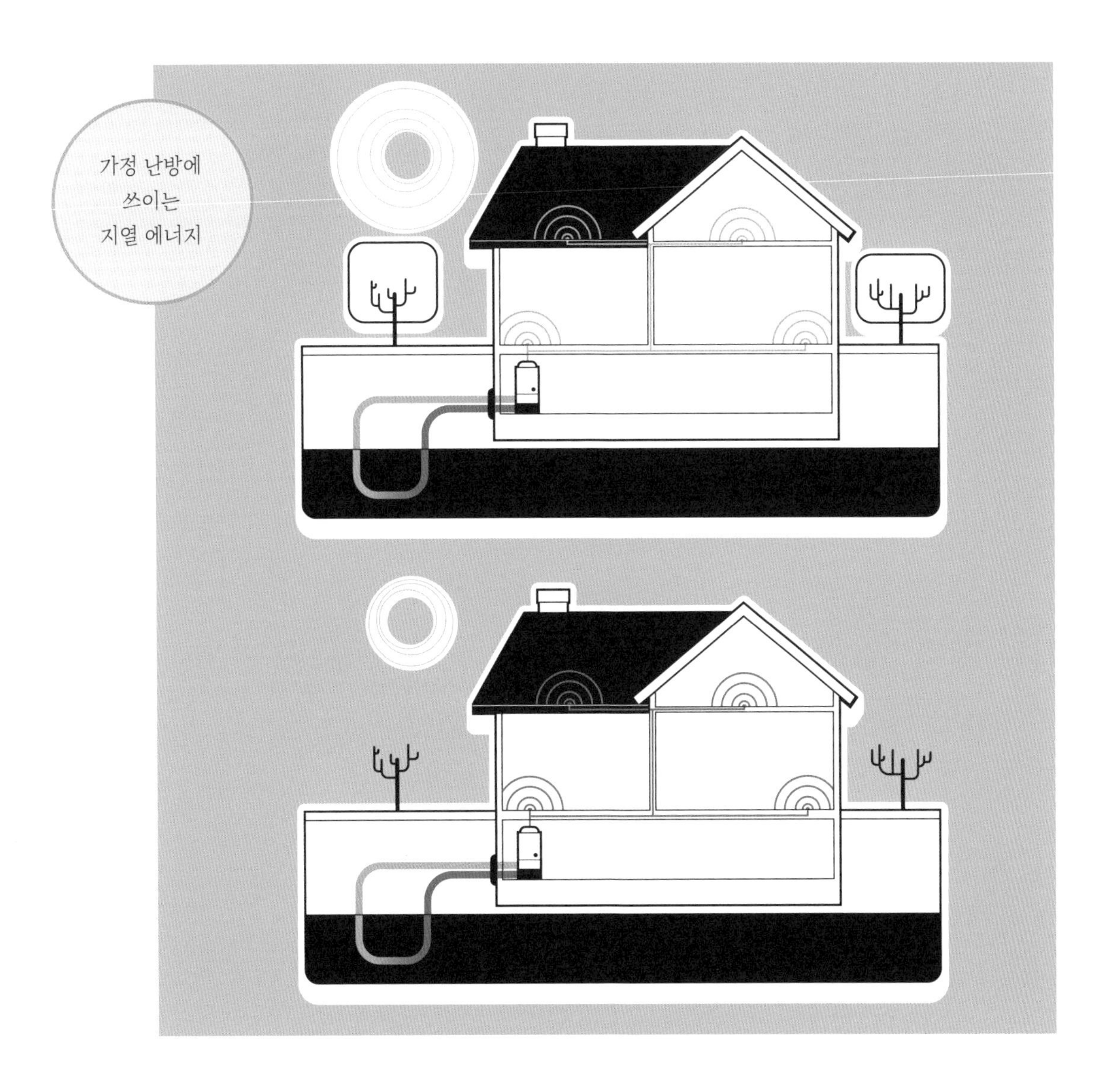

가정 난방에 쓰이는 지열 에너지

진로 체크리스트

전기공학자가 되고 싶은가요? 전공 지식과 더불어 전기공학 분야에서 일할 때 도움이 되는 성격적 특성이 있습니다. 다음과 같은 특성을 지닌 사람은 미래에 전기공학자가 될 만한 자질이 충분합니다.

○ 사물들이 어떻게 작동하는지 궁금하며, 특히 컴퓨터에 관심이 많다.
○ 의사소통 능력이 뛰어나다.
○ 창의력과 문제 해결 능력이 탁월하다.
○ 배움을 향한 갈증이 크다.
○ 수학과 과학을 사랑한다.

전기공학과 관련된 전문 분야

화학공학 및 토목공학과 마찬가지로, 전기공학에도 여러 하위 분야가 존재합니다. 전기공학자는 전자, 전기, 제품 설계에 대한 이해도가 높아 다양한 분야에서 전문가로 활약할 수 있습니다.

컴퓨터공학

컴퓨터공학은 전기·전자공학과 컴퓨터과학이 조합된 매력적인 학문입니다. 컴퓨터공학자는 컴퓨터 시스템과 장치를 설계하고 개발하지요. 작동 속도가 빠르고 안정적이며 오래 사용할 수 있는 개인용 컴퓨터와 각종 전자기기를 찾는 손길이 증가하면서, 컴퓨터공학은 다른 어떤 분야보다 가파르게 성장하며 수요가 끊임없이 창출되고 있습니다. 컴퓨터공학자는 개인, 기업, 사회가 어떠한 하드웨어·소프트웨어 기능을 원하는지 연구하고 분석합니다.

컴퓨터공학자는 의료 분야에서도 눈부신 활약을 펼칩니다. 의료 전문가를 도와 정보를 저장하고 분석하는 시스템을 개발하지요. 이렇게 처리되는 정보를 토대로 환자는 질 좋은 의료 서비스를 신속하게 제공받습니다. 인터넷 공간에서 전 세계 의료 전문가와 교류하고 의학 정보에 손쉽게 접근하게 된 것도 컴퓨터공학자 덕분입니다.

통신 기술의 중요성은 아무리 강조해도 지나치지 않습니다. '장거리 전화'라는 용어가 익숙하지 않은 사람이라면, 컴퓨터공학자에게 고마워해야 합니다. 공학자들의 활약으로 통신 기술이 발달하면서 한때는 거대해 보였던 세계가 좁아지고 촘촘하게 연결되었습니다. 이제는 소셜미디어, 채팅 앱, 화상 통화 앱, 기업용 화상 회의 소프트웨어 등 다양한 창구를 통해 사람들과 의견을 나눌 수 있습니다. '장거리'란 단어가 옛말이 되었습니다. 물리적 위치는 이제 의사소통에 장애가 되지 않습니다. 어디에 머물든 수업을 듣고 업무를 볼 수 있습니다.

전력공학

전력과 전기 에너지는 같지 않습니다. 전기 에너지는 어떠한 변화를 끌어낼 때 쓰입니다. 반면 전력은 전기 에너지를 얼마나 빨리 사용하는지를 가리킵니다. 예컨대 전자 제품이 작동하려면 시간당 많은 에너지가 필요합니다. 평범한 텔레비전이 소모하는 전력은 약 230와트입니다. 발전소는 특정 에너지를 전기 에너지로 변환해 우리가 쓰는 전기를 생산하지요. 전기와 전기 에너지와 전력에 어떤 차이가 있는지 깊이 파고들면 혼란스러울 수 있으므로, 여기서는 세 개념을 아울러 '전력'이라 부르기로 정하겠습니다. 전력 시스템 공학이라고도 불리는 전력공학은 일반적으로 발전, 송전, 배전 세 분야로 나뉩니다.

발전 분야에 종사하는 공학자는 다른 형태의 에너지를 전기 에너지로 변환합니다. 에너지가 석탄이나 석유와 같은 전통적인 에너지원에서 얻어지든, 풍력 터빈이나 태양 전지판 혹은 바다의 파도에서 얻어지든, 그 에너지는 우선 사용 가능한 전기 에너지 형태로 변환되어야 합니다.

송전 분야에서 일하는 공학자는 발전소가 있는 지역에서 개인과 기업 소비자가 전기를 사용하는 지역으로 에너지를 보냅니다.

배전 분야에 종사하는 공학자는 개인과 기업에 에너지를 공급하는 시스템을 개발합니다. 소비자에게 사용 가능한 전압으로 에너지를 공급하려면 변압기와 발전기, 모터 등이 갖춰진 시스템을 개발하고 유지해야 합니다. 이 같은 에너지 공급 시스템을 개발하는 공학자는 '전력 시스템 공학자'라고 불리기도 합니다.

일부 전력공학자는 도시에서 시민들이 편안하게 생활하는 데 필요한 대규모 전력 시스템을 개발합니다. 일반적으로 여러 사람과 팀을 이루어 발전소와 소비자를 연결하는 전력망을 개발하고 구축하며 유지하는 일을 하지요. 그리고 전력망에 필요한 부품을 설계하고, 전력회사나 지방자치단체와 긴밀히 협력하며 전력 시스템 유지에 힘씁니다.

다른 일부 전력공학자는 작은 발전소에서 생산한 전기를 먼 지역으로 공급하는 소규모 프로젝트에 참여합니다. 전기가 신뢰할 수 있는 방식으로 안전하게 공급되는 모습을 볼 때면, 전력공학자가 얼마나 세상을 이롭게 하는지 금세 깨닫게 됩니다.

소프트웨어공학

소프트웨어공학은 여느 공학 분야와 다릅니다. 다른 분야 공학자는 보통 형태가 있는 물리 구조를 만들지만, 소프트웨어공학자는 무형의 구조를 개발합니다. 하지만 소프트웨어공학자의 성과가 무형이라는 이유로 평가 절하되지는 않습니다. 다양한 산업계에서 사용하는 장비의 사용 안내서와 지침서, 운영 절차가 소프트웨어로 만들어집니다. 잘 만들어진 소프트웨어는 인간의 생명을 구합니다. 반면 의료 장비나 비행기에 탑재된 소프트웨어가 오작동을 일으키면 심각한 문제가 생길 수 있으며, 결함이 있는 소프트웨어는 목숨을 앗아가기도 합니다.

소프트웨어와 그 소프트웨어가 설치된 시스템이 주고받는 신호는 의미가 늘 같아야 합니다. 이와 관련하여 NASA 우주선에 발생한 충격적인 사건이 하나 있는데, 천만다행으로 누군가의 생명과 안전이 위험에 처하지는 않았습니다. 1990년대 말, NASA는 화성 기후 궤도선을 발사했습니다. 이 우주선을 설계하고 제작한 공학자들은 피트퍼세크제곱(ft/s^2)과 같은 야드·파운드 단위계를 썼습니다. 반면

내비게이션 소프트웨어를 제작한 공학자들은 미터퍼세크제곱(m/s^2)과 같은 미터 단위계를 썼지요. 결과는 어땠을까요? 우주선이 화성 궤도에 진입하지 못하고 지나쳐버렸습니다. 맙소사.

소프트웨어공학자가 되면 컴퓨터 게임, 스마트폰 앱처럼 단순한 소프트웨어부터 컴퓨터 운영 체제, 전자 상거래 시스템, 네트워크 제어 시스템 등 복잡한 소프트웨어에 이르기까지 거의 모든 유형의 소프트웨어를 개발할 것입니다. 따라서 여러 프로그래밍 언어를 배워둬야 하지요. 그리고 시중에 나와 있는 컴퓨터 운영 체제를 잘 알아야 하며 소프트웨어 개발에 능숙해야 합니다.

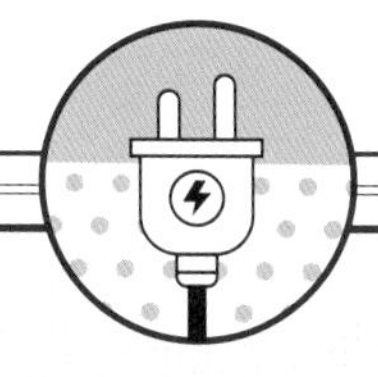

공학자를 꿈꾸는 청소년에게 어떠한 조언을 해주고 싶으신가요?

"창의력과 상상력을 키워나가세요. 공학자가 되면 틀에 박히지 않은 놀라운 결과물을 창조해야 합니다. 열정을 쏟을 수 있고, 자기 삶에 중요한 의미가 있는 문제에 헌신하세요. 필요할 때 타인에게 도움을 청하기를 두려워하지 마세요. 여러분이 꿈꾸는 분야에서 일하고 있는 멘토를 일찌감치 찾아두면 좋습니다. 외국에서 공부하거나 해외 공학자들과 교류할 기회가 생기면 그 기회를 꼭 잡으세요."

— **공학과 교수 제시 탤리**(Jessye Talley)

전기통신공학

IoT(사물 인터넷)는 가능한 한 많은 장치를 인터넷으로 연결해 정보를 서로 주고받게 만든다는 아이디어입니다. 최근 IoT가 주목받자 전기통신의 중요성을 강조하는 목소리도 높아졌습니다. IoT는 사람과 장치를 연결하고 관련 정보를 모두 수집·공유하는 하나의 거대한 네트워크를 구성합니다. 그 덕분에 집 밖에서 현관문을 열어 관리인을 들여보내거나, 원격 장치로 집 안 온도를 바꾸는 등 편리한 생활이 가능해졌습니다. 이처럼 IoT에는 다양한 이점이 있지만, 전기통신공학자는 다른 분야 전문가와 협력해 그러한 인터넷 연결이 부정적인 결과를 초래하지 않도록 막아야 합니다. 해킹, 인터넷 보안 취약성, 부적절한 기기 접근처럼 널리 알려진 위험한 문제 해결을 위해 끊임없이 연구해야 하지요.

전기통신은 오늘날 통신 환경의 중추라고 불립니다. 지구 방방곡곡으로 메시지가 전송되고 있으며, 전송 방식과 전송 속도는 날이 갈수록 향상하고 있습니다. 전기통신공학자는 기존 동축 케이블과 광케이블, 그리고 위성 기반의 통신 기술을 개발하고 설계합니다. 또 전기통신 체계를 유지·관리하며 해커의 침입을 막습니다.

전기통신공학자는 통신 장비를 설계하거나 개발, 구축합니다. 따라서 통신망 시설 설계와 정보 전송에 관한 과학적 지식을 쌓아야 하지요. 또 무선 인터넷으로 정보를 전송할 때 부딪치는 문제들을 해결하기도 합니다. 즉, 전기통신공학자는 하드웨어와 소프트웨어를 가리지 않고 통신 체계를 개발하는 전 과정에 참여합니다.

전기공학이 해결해야 할 과제

국제전기전자공학회가 발표한 기사에 따르면, 미래는 똑똑한 전기의 시대라고 합니다. 미래에는 전기 소비 방식이 지금보다 더 현명해질 것입니다. 우리는 전기가 안전하면서도 효율적으로 쓰이는지 늘 점검해야 합니다. 하지만 전기공학이라는 학문의 폭과 깊이를 고려할 때, 그것은 그리 쉬운 문제가 아닙니다. 전기공학자는 통신 기술 동향에 밝아야 합니다. 그뿐만 아니라 기존 전력 체계에 도사리는 문제를 제거하고, 증가하는 전력 수요에 대응하며, 신기술을 파악하고, 사이버 공격을 막아내는 등 다양한 과제를 해결할 수 있어야 합니다. 인공지능처럼 지속가능한 발전에 도움이 될 혁신적인 기술도 개발해야 하지요.

인구가 증가함에 따라 전기 수요도 끊임없이 증가하고 있습니다. 그런데 세계 여러 지역에서 전기 공급이 수요를 따라가지 못하고 있습니다. 세계에너지협의회에 따르면, 2040년에 전 세계 에너지 수요가 2008년 기준으로 두 배 증가한다고 합니다. 사용하는 전기 장치가 계속 증가하고 있으므로, 증가 폭이 예상보다 늘어날 가능성도 있습니다. 전기 장치를 쓰는 사용자는 전기 에너지가 늘 안정적으로 공급되기를 바랍니다. 따라서 전기공학 업계는 안전하고 효율이 높으며 신뢰할 수 있는 에너지 공급 체계를 새롭게 개발해서 증가한 에너지 수요에 대응해야 합니다. 또 혁신적인 에너지 분배 및 관리 방안을 마련하는 동시에, 환경 보호에 도움이 되는 첨단 에너지 기술을 연구해야 하지요.

전기공학을 전망하다

전기공학은 나날이 진화하고 경계를 넘어 끝없이 확장하고 있습니다. 오늘날 전기공학자는 다양한 분야에서 일하지만 그중 가장 유망한 기술 분야는 AI, 정보 보안, 로봇 공학, 빅데이터, 전기통신, 자율주행차 등입니다.

사물 인터넷이 확대되면 전기공학은 학문적으로도 크게 성장할 것입니다. 따라서 전기공학자는 컴퓨터 프로그래밍 지식과 전기통신 지식을 습득해 실무에 적용할 수 있어야 합니다. 전기통신 산업을 폭넓게 이해할 뿐만 아니라, 전기 장치를 사물 인터넷에 연결해주는 회로와 소프트웨어에도 능통해야 하지요.

AI 또한 미래 사회에 혁명을 일으킬 것입니다. 스마트 기기는 이미 전 세계 수많은 가정에서 쓰이고 있으며 당분간 보급률이 증가할 것으로 전망됩니다. AI의 학습 능력을 활용하면 가정에서도 스마트 기기를 프로그래밍하거나 원격 제어할 수 있고, 집 자체를 에너지 효율이 높은 스마트 홈으로 만들 수 있습니다. 예컨대 네스트 온도 조절기(Nest Learning Thermostat)는 스마트 홈 거주자의 일정과 생활 습관, 선호 온도를 학습합니다. 그런 다음 온도 조절 프로그램을 자동 실행해 거주자의 만족도를 높이지요. 프로그램은 또한 거주자 활동 내역을 기반으로 에너지 절약을 극대화합니다. 예를 들어 거주자가 평일 오전 8시부터 오후 6시까지 집을 비운다는 사실을 알아내면, 그 시간에는 온도를 조절하거나 스스로 전원을 차단합니다. 그리고 거주자가 귀가하기 몇 분 전에 선호 온도로 설정하지요. 이처럼 AI는 에너지 낭비를 줄이고, 전기 요금 부담도 덜어줍니다.

빅데이터는 점점 더 보편적으로 활용되는 추세입니다. 빅데이터란 스마트폰, 스마트 워치 같은 스마트 기기와 현재 서비스되는 모든 소셜 미디어, 그리고 물건을 사고파는 온·오프라인 매장에서 생성되는 방대한 데이터를 말합니다. 심지어 자동차를 운전해서 교차로를 통과할 때도 데이터가 생성되지요.

기관과 기업은 그러한 데이터를 얻고 싶어 합니다. 데이터를 많이 수집할수록 경쟁 우위에 설 수 있기 때문이지요. 의료 기관은 빅데이터를 활용해 환자가 올바른 정보에 신속히 접근하도록 돕습니다. 스마트 기기 이용자의 활동 내역이 상품 추천에 쓰이기도 합니다.

아마도 빅데이터는 지금까지 타깃 광고를 생성하는 데 가장 널리 사용되었을 것입니다. 소셜 미디어, 온라인 쇼핑몰, 실시간 음원·영상 사이트는 이용자가 해당 서비스를 이용할 때마다 생성되는 데이터를 활용합니다. 정보 열람 기록을 근거로 이용자가 보고 싶어할 만한 것을 추천하거나, 매력을 느낄 만한 제품의 광고를 띄우지요.

전기공학의 미래

전기공학은 의료기기 분야에도 기여합니다. 뇌를 복잡한 전기 회로로 간주하고 뇌 회로를 조작하는 법을 연구하면, 뇌의 손상된 연결 부위를 치료하거나 뇌 기능을 개선하는 방법을 찾아낼 수 있습니다.

전기공학이 주목한 혁신적인 발명품으로 인공 안구(시력 보조 장치)가 있습니다. 세계보건기구에 따르면, 시각장애가 있는 사람은 2010년 기준으로 약 3900만 명에 달한다고 합니다. 시각장애에는 노화에 따른 황반변성, 색소성 망막염 등 다양한 질병과 상태가 포함됩니다.

어떠한 물체를 바라보면 그 물체에서 반사된 빛이 눈으로 들어옵니다. 그 빛을 망막에 있는 빛수용기 세포가 감지하고 정보를 처리해 뇌로 보내지요. 그 결과로 우리는 물체를 봅니다. 그런데 시각장애가 있는 사람들은 빛수용기 세포가 손상되었거나 작동하지 않아 앞을 잘 볼 수 없습니다.

지난 10여 년간 스탠퍼드대학교 연구진은 시각장애인이 시력을 되찾을 수 있도록 눈에 이식하는 인공 망막(컴퓨터 칩)을 개발했습니다. 개발된 작은 컴퓨터 칩은 외과 의사가 시각장애인의 망막에 이식합니다. 안경에 부착된 작은 카메라는 물체를 촬영해 컴퓨터 칩으로 신호를 전송합니다. 컴퓨터 칩이 카메라에서 받은 신호로 망막 세포를 활성화하면, 촬영 내용이 뇌로 전송됩니다. 따라서 인공 망막을 이식받은 사람이 앞을 볼 수 있으려면, 정상적으로 기능하는 망막 세포가 몇 개는 남아있어야 합니다.

이러한 첨단 장치를 개발하다 보면 수많은 난관에 부딪칩니다. 예를 들어 작은 컴퓨터 칩은 정보를 처리할 때 열에너지를 발산합니다. 그런데 앞이 보이려면 카메라로 촬영한 데이터가 인공 망막을 거쳐 뇌로 전송되어야 합니다. 이 과정에서 전송되는 데이터가 너무 많아 컴퓨터 칩의 온도가 상승하면 눈이 손상될 수 있습니다.

그런데 최근 연구진이 필요한 데이터를 줄이는 방법을 발견했습니다. 데이터 필요량이 줄어들면 이식된 컴퓨터 칩의 데이터 처리량도 줄어서 칩 온도가 낮게 유지되고 눈이 손상되지 않습니다. 이 혁신적인 아이디어는 아직 개발 중이지만 장래가 밝습니다. 아이디어를 검증한 결과, 효과가 있는 것으로 밝혀졌습니다. 인공 망막 시제품을 이식받은 어떤 시각장애인은 빛이 보이긴 했으나 뚜렷한 형태가 보이지는 않았습니다. 따라서 앞으로 더욱 심도 있는 연구와 검증 절차가 진행되어야 하지요. 최첨단 재료가 개발되고 기술이 점차 발전할수록, 전기공학자와 안과 의사가 개발하는 인공 망막도 완벽에 가까워질 것입니다.

인공 망막

5장

기계공학

기계공학이 불러온 혁신

단기로 여행하거나 시내를 돌아다닐 때 필요한 개인 교통수단을 찾는다면, 도쿄대학교 연구원들이 그 해결책을 제시할 것입니다. 도쿄대학교 소속 공학자와 과학자들은 대중교통을 이용할 때 배낭에 집어넣을 수 있는 휴대용 팽창식 전기 자전거를 설계했습니다. 이 전기 자전거는 최대 속도가 시속 7~8킬로미터로, 중·단거리를 효율적으로 이동할 수 있도록 개발되었습니다.

포이모(POIMO, POrtable and Inflatable MObility)라고 불리는 이 전기 자전거는 작은 펌프로 공기를 주입해 사용하는 편리하고 안전한 이동 수단입니다. 포이모는 도쿄대학교에서 공학을 공부하는 학생들이 개발했습니다. 열가소성 플라스틱인 폴리우레탄으로 제작되었으며, 펌프를 쓰면 대략 60초 안에 공기를 가득 채울 수 있습니다. 운전자는 자전거를 부풀린 다음 바퀴, 모터, 배터리, 무선 조종기를 부착합니다. 이들 부품 무게는 전부 합쳐도 약 1.1킬로그램에 불과합니다. 자전거 전체 무게도 5.4킬로그램밖에 되지 않아 자전거 운전자가 손쉽게 운반할 수 있으며 보행자에게도 안전합니다. 공기를 빼고 접어서 배낭에 넣을 수 있으므로, 자전거 잠금장치를 무겁게 들고 다니거나 도난당할 위험이 있는 야외에 자전거를 보관해두고 걱정하지 않아도 됩니다.

포이모에 장착된 모터는 전기로 작동한다는 점에서 전기 자동차와 마찬가지로 친환경적입니다. 즉, 유독성 물질을 배출하지 않지요. 도쿄같이 바쁜 도시에서 많은 시민이 자가용 대신 포이모를 탄다면, 자동차가 대기 중으로 배출하는 오염 물질을 큰 폭으로 줄일 수 있습니다. 이는 대기질을 개선하고 오존층을 보호하는 데 도움이 되지요. 오늘날 인류가 직면한 환경 위기를 극복하려면, 포이모처럼 상식의 틀을 깨는 놀라운 아이디어가 필요합니다.

포이모는 주차 문제에서도 자유롭습니다. 주차할 필요가 없지요. 그냥 배낭에 넣어서 메고 다니면 됩니다. 게다가 무게가 상당히 가벼운 덕분에 배터리 소모가 빠르지 않아서 자주 충전하지 않아도 됩니다.

포이모를 제작하는 데 쓰이는 플라스틱도 눈길을 사로잡습니다. 포이모를 구성하는 플라스틱은 견고해서 휴대용 의자나 소파 같은 제품의 원료로도 사용할 수 있습니다. 포이모 소재로 휴대용 의자를 만들어 스포츠 경기를 비롯한 다양한 야외 행사에 가져가면 인기가 무척 많을 것입니다!

처음 포이모를 개발한 동기는 주행 도중 사고가 발생하더라도 운전자나 보행자가 되도록 다치지 않는 안전한 차량을 개발하는 데 소프트 로봇 기술을 활용해보자는 것이었습니다. 소프트 로봇 공학은 살아있는 조직과 비슷하게 구부러지는 물질로 로봇 장치를 만듭니다. 이 기술은 혼잡한 도심 속 거리나 대학 캠퍼스처럼 보행자가 다니는 공간에서도 탈 수 있는 개인 교통수단을 개발할 때 유용합니다.

기계공학자가 되면 소프트 로봇 기술을 실험하며 또 다른 분야에도 응용 가능할지

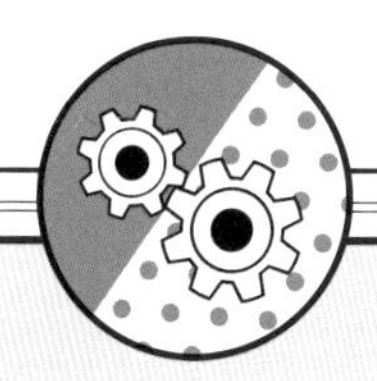

공학자를 꿈꾸는 청소년에게 어떠한 조언을 해주고 싶으신가요?

"시험에서 좋은 성적을 받지 못하거나, 공부하는 내용이 이해가 잘 되지 않더라도 낙담하지 마세요. 제가 대학생이었을 때 교수님들은 근무 시간이면 언제든 질문하러 와도 좋다고 하면서 시간이 지날수록 실력이 나아질 것이라 격려하셨습니다. 당시 저는 첫 시험을 엉망으로 치렀지만, 다음 기말시험에서 A를 받았죠. 자신을 격려하고 의심을 떨쳐내세요. 필요할 때는 친구에게 도움을 요청하고, 스터디그룹을 만들어 함께 공부하다가 지칠 땐 푹 쉬세요. 저는 공부하다가 막히거나 이해가 잘되지 않으면 프로젝트와 과제를 접어두곤 했습니다. 충분히 쉬고 좋아하는 활동을 한 다음 과제로 돌아오면 참신한 접근법과 해결 방식이 떠오르더군요."

— 프로젝트 공학자 줄리아 에스포시토(Julia Esposito)

고민할 것입니다. 소프트 로봇 기술로 휴대용 팽창식 자동차도 설계할 수 있을까요? 이동식 주택은 어떨까요? 임시 대피소, 재난 구호 텐트, 임시 난민 거주지에 소프트 로봇 기술을 어떻게 도입할지 생각해보세요. 전 세계에 산적한 수많은 문제를 참신한 공학적 사고로 해결할 수 있습니다.

깊이 들여다보기

기계공학자는 움직이는 물체와 시스템을 연구합니다. 다양한 기계 장치와 교통수단, 환경과 기후변화, 우주 탐사, 심지어 인체에 이르기까지 인류의 삶에 영향을 미치는 기술을 탐구하지요. 장난감, 롤러코스터, 자전거, 자동차, 우주선 등 사람들이 일상에서 흔히 접하는 모든 대상에 기계공학자의 손길이 닿았습니다. 기계공학을 공부하는 사람은 창조자이자 문제 해결사로서 세상을 변화시키는 길에 뛰어듭니다.

기계공학자는 수학과 과학, 창의력과 분석력, 그리고 공학 기술을 결합해 아이디어를 현실에 구현합니다. 수학, 과학, 역학(움직이는 물체를 다루는 물리학), 에너지 전달과 변환, 설계, 제조 관련 지식이 기계공학의 토대를 이룹니다. 기계공학자는 새로운 방식으로 대상을 분석하고 설계해서 전 세계인의 삶의 질을 향상하고, 환경을 보호하고, 의료 서비스를 개선하는 등 중대한 문제를 해결합니다. 이를테면 인공 팔다리를 만들거나 전기공학자와 함께 수술 로봇을 개발하고, 유체 역학 지식을 활용해 좁아지거나 망가진 혈관에도 혈액이 흐르게 하는 방법을 연구하지요.

기계공학자가 활약하는 주요 산업에는 기계, 전자, 로봇, 자동차, 컴퓨터, 자동화, 제조, 항공우주, 생명공학 등이 있습니다. 미국 기계공학회는 기계공학과 연관된 30여 개의 분야를 제시하며 기계공학 분야가 얼마나 폭넓고 다채로운지를 증명합니다.

기계공학자가 되면 수학, 과학, 기술 지식을 문제 해결 능력과 결합해 시스템 및 장치를 개발하고 생산하는 팀에서 일할 것입니다. 개발 업무에는 시판 중이거나 새로 개발하는 시스템, 혹은 업데이트나 개선이 필요한 장치를 분석해 문제를 해결하는 작업이 포함되지요. 최첨단 우주선을 개발하거나, 세상에 없던 재생 에너지 기술을 연구하거나, 운송 기술을 개선하는 팀에서 일할 수도 있습니다. 기계공학자를 꿈꾸는 사람에게는 무한한 가능성이 열려있습니다!

기계공학자가 하는 일

일상에서 기계공학자의 손길이 닿지 않는 영역을 발견하기란 어렵습니다. 기계공학자는 초소형 센서, 의료기기, 컴퓨터, 전기 자동차, 로봇, 스포츠 장비, 드론, 비행기 등 모든 기계 장치와 기술을 설계하고 구현합니다.

기계공학자는 환경, 건강, 안전, 제품 생산과 관련된 분야에서 일하기도 합니다. 오염 물질을 감지하는 장비를 만들거나 오염 현장을 정화하는 전략을 세우고, 제조 공정을 개선해서 폐기물 발생량을 줄여 인근 하천으로 유출되는 오염 물질량을 낮추는 등 환경에 크게 기여하는 일을 하지요. 다음은 기계공학 지식이 특히 쓸모 있게 활용되는 분야입니다.

로봇공학

로봇은 인간이 할 수 없거나 끝까지 해내지 못하는 일을 완수해 인간을 돕습니다. 위험한 일을 안전하게 수행하고, 따분한 업무를 불평 없이 끝마치지요. 로봇공학 분야에서 일하는 기계공학자는 인간을 돕는 로봇 시스템과 장치를 개발합니다. 로봇은 특히 제조업에서 제조 공정의 효율을 높여주지요. 로봇공학자는 로봇 역학 지식을 바탕으로 로봇이 안전하고 효율적으로 작동하도록 설계합니다. 로봇공학 분야에서 일하려면 컴퓨터를 이용해 시스템을 설계한 다음 그 결과물을 도면으로 그려낼 줄 알아야 하며, 제조 공정에 컴퓨터를 응용할 수 있어야 합니다. 일부 로봇공학자는 다양한 기존 시스템과 방식을 연구해 저비용 고효율 시스템을 새롭게 개발하기도 합니다.

로봇 기술은 행성 탐사용 로봇을 보면 알 수 있듯이 우주 연구에도 무척 중요합니다. 국제우주정거장에서는 우주 비행사가 물건을 들어 올리거나 옮길 때 로봇이 도와줍니다.

지속가능성과 에너지 저장

유엔에서 정한 지속가능한 개발 목표 가운데 하나가 경제적이고, 안정적이며, 환경친화적인 에너지 접근을 보장하는 것입니다. 이 목표를 달성하는 데에는 누구보다도 기계공학자가 적격입니다. 워싱턴대학교 기계공학부 소속 연구원과 학생들은 현재 해양, 태양, 바람이 원천인 차세대 재생 에너지 기술을 개발하기 위해 지역 산업계와 협력하고 있습니다. 청정 에너지원을 전력망에 통합해 전기 에너지를 저장하는 전략도 연구하는 중이지요. 이 연구의 목표는 환경 되살리기입니다. 대학교와 지역 산업계가 구축한 새로운 협력 관계가 청정 에너지원 개발에 효과적이라는 것이 증명되고 있습니다.

대체 에너지원 개발도 절실하지만, 에너지 저장장치도 반드시 개선되어야 합니다. 배터리 기술이 나날이 발전하고 있긴 하나, 대체 에너지원에서 생산된 에너지를 저장하려면 지금보다 더 성능 좋은 배터리가 필요합니다. 스코틀랜드 민간 기업 그래비트리시티(Gravitricity) 소속 기계공학자들이 창의력을 발휘해 그 문제를 해결하고 있습니다. 전기, 중력, 무게, 그리고 버려진 광산 갱도를 이용해 에너지 저장 시스템을 개발하는 것이지요.

그래비트리시티 연구진은 크레인에 대략 5000톤에 달하는 무거운 추를 매달았습니다. 이 무거운 추는 깊이가 1.5킬로미터나 되는 폐광 갱도를 오르내리지요. 크레인으로 추를 들어 올리면 에너지가 생성되면서 시스템에 저장됩니다. 크레인으로 추를 내리면 에너지가 방출되면서 인근 지역 기업과 가정으로 전기가 공급됩니다.

보조 장치 설계

기술 발전은 장애인의 독립성과 접근성, 삶의 질 개선을 이끌었습니다. 그러한 기술 가운데 대부분을 첨단 보조 장치 기술이 차지합니다. 보조 장치 기술이란 장애인의 삶을 향상하는 모든 기술(기계 장비, 인공 기관, 소프트웨어)을 의미합니다. 오늘날 몸을 움직이거나 다른 사람과 의사소통하는 데 보조 장치가 필요한 사람은 전 세계적으로 100만 명이 넘는다고 합니다. 그런데 세계보건기구에 따르면, 그중 90퍼센트가 어쩌면 인생을 바꿔줄 보조 장치에 접근조차 못 한다고 합니다. 기계공학을 공부해두면 보조 장치 기술을 연구하고, 설계하고, 개발하는 과정에 밑거름이 될 것입니다.

매사추세츠공과대학교는 매년 보조 장치 경진대회를 엽니다. 학생들이 기발한 아이디어를 선보일 수 있는 자리를 마련해 보조 장치 분야가 더욱 발전하도록 촉진한다는 목적입니다. 경진대회 기간에 학생들은 보스턴 지역 장애인이 겪는 문제를 해결할 기술을 개발합니다. 장애인을 위한 보조 장치 시제품을 24시간 이내에 만들어야 하지요.

학생들은 기술이나 공학 지식을 아는 것뿐만 아니라, 그 보조 장치를 사용하는 사람과 소통하는 것도 중요하다는 걸 깨닫습니다. 보조 장치 분야에서 혁신을 주도하려면, 사용자의 요구를 제대로 이해하고 있는지 늘 확인해야 합니다. 따라서 지식을 습득하고 기술을 이해할 뿐만 아니라 의사소통 능력도 키워야 하지요. 공학자가 되어 보조 장치 분야에 뛰어든다면, 다양한 산업계와 국가에서 활약하며 전 세계 장애인의 요구를 충족시킬 무궁무진한 기회를 얻을 것입니다.

보건 산업

일부 대학에서는 보건 산업에 특화된 기계공학 교육 과정을 운영합니다. 보건 분야에 종사하는 기계공학자는 병원을 설계하거나, 정교한 진단 장비와 첨단 의료기기를 개발합니다. 어떤 업무를 수행하든 문제 해결 능력을 키우는 것이 가장 중요하지요.

병원을 설계할 때는 특별한 조건을 만족시켜야 합니다. 병원과 관련된 지침과 건물 규정도 준수해야 하지요. 병원 직원과 환자들이 오염 물질이나 독성 물질과 접촉하지 못하도록 막으려면, 고성능 환기 체계를 구축해야 합니다.

스탠퍼드대학교 기계공학과 연구진은 눈 건강 진단을 돕는 의료기기를 개발했습니다. 눈 건강 진단에 쓰이는 망막 및 시신경 사진은 스마트폰에 내장된 카메라로 촬영할 수 있습니다. 연구진이 개발한 의료기기는 스마트폰을 확대 렌즈와 연결하는 어댑터 역할을 합니다. 스마트폰을 기기에 고정한 다음 렌즈를 눈 가까이에 대면, 적당한 간격을 유지하면서 스마트폰으로 눈 내부를 확대 촬영할 수 있습니다.

의료계에 남겨진 과제를 해결하는 기술의 밑바탕에는 기계공학적 혁신이 깔려 있으며, 그러한 혁신 덕분에 앞으로는 스마트폰으로 촬영한 눈 사진을 안과 전문의에게 온라인으로 전송할 수 있게 되었습니다. 눈 촬영 의료기기를 개발한 로버트 장(Robert Chang) 교수는 이 기술을 '눈 건강을 지키는 인스타그램'으로 이해하라고 제안합니다.

스포츠

스포츠가 취미인 기계공학자는 일과 취미생활을 동시에 할 수 있습니다. 스포츠 장비를 설계하고 개발하는 분야에도 기계공학자가 필요하기 때문이지요. 이 분야에서 일하고 싶은 사람은 신체가 움직이는 방식과 해부학을 공부해두면 든든한 배경지식이 될 것입니다. 새로운 스포츠 장비를 개발하는 공학자는 결과물을 시장에 내놓기 전에 다방면으로 평가해봐야 합니다. 다양한 첨단 소재가 시장에 소개될수록, 공학자에게 주어지는 선택지도 폭넓어질 것입니다.

기계공학자는 스포츠 장비를 디자인하는 동안 셀 수 없이 많은 실험을 반복합니다. 운동선수의 몸이 어떻게 움직이는지, 스포츠 장비와 경기장 환경과 선수가 어떻게 상호 작용하는지 파악해야 하기 때문이지요. 이를 위해 스포츠 경기 영상을 정지시키고 되감거나 천천히 재생하면서 선수의 반응과 동작을 분석합니다. 여기서 얻은 정보는 선수의 부상 위험을 줄일 첨단 장비를 개발하는 데 쓰입니다. 컴퓨터 시뮬레이션으로 시제품과 신제품을 모델링하기도 합니다.

기계공학자는 스포츠 시설도 설계합니다. 선수가 달릴 때나 점프할 때, 혹은 공을 튀길 때 경기장의 지면이 어떤 영향을 주는지 밝히고 그 결과를 시설 설계에 반영합니다.

새로운 스포츠 의류를 개발하고 제조하는 분야에서도 기계공학자가 활약합니다. 직물의 특성을 평가하고, 의류 제조 장비와 시스템을 설계하는 데 기계공학 지식이 쓰이지요.

전자공학

기계공학자는 일반적으로 자동차, 가전제품, 엘리베이터, 발전기와 같은 기계를 설계합니다. 그런데 여러 분야에서 전자공학이 차지하는 비중이 늘어나자, 크기는 작지만 성능은 뛰어난 첨단 센서의 가치가 상승했습니다. 센서는 감지한 신호를 전기 에너지로 변환하는 장치입니다. 여기서 신호는 센서가 감지하는 온도, 자기장, 소리, 습도 등을 의미합니다. 초소형 센서는 폭이 5밀리미터에 불과할 정도로 크기가 작지요.

기계공학자는 초소형 센서를 개선해서 설계 중인 기계나 기술에 도입합니다. 초소형 센서는 각종 개인용 전자기기에 널리 쓰입니다. 뉴욕 빙엄턴대학교 기계공학부 부교수 샤흐르자드 토파히언(Shahrzad Towfighian)과 연구진은 초소형 센서를 만드는 새로운 방식을 개발했습니다. 연구진은 새로운 제조 방식이 초소형 센서 산업에 혁명을 일으키리라 전망하는데, 새 방식으로 만든 초소형 센서가 특히 휴대폰 마이크에서 뛰어난 성능을 발휘하기 때문입니다. 토파히언은 이 초소형 센서에 기존의 구동 소자 기술을 결합해, 일부 전자 제품에서 발생하는 배경 소음을 줄일 계획입니다(구동 소자란 기계를 구성하는 요소로, 그 기계를 움직이게 함). 토파히언이

진로 체크리스트

학교에 진학한다고 해서 기계공학자가 될 준비가 끝나는 것은 아닙니다. 미래에 훌륭한 기계공학자가 되려면 다음과 같은 자질을 갖추어야 합니다.

○ 수학과 과학을 사랑한다.
○ 어떠한 물체를 움직이게 하는 요소가 무엇인지 궁금하다.
○ 압박감을 느끼면서도 일을 해내는 능력이 있다.
○ 참신한 방식으로 문제를 해결한다.
○ 다른 사람들과 함께 일하는 것을 좋아한다.
○ 말솜씨와 글솜씨가 뛰어나다.

개발한 방식이 압력 센서 등 다른 기술에는 어떻게 적용될지 기대를 모으고 있습니다.

기계공학과 관련된 전문 분야

사회의 수많은 분야가 기계공학자에 의존할 정도로 기계공학이 미치는 범위는 넓습니다. 이처럼 수요가 많은 까닭에 기계공학자에게 주어지는 기회도 많지요. 다음은 기계공학자가 전문성을 발휘하며 일할 수 있는 분야입니다.

자동차공학

자동차공학은 놀랄 만큼 흥미롭고 보람 있으며 도전 의식을 불러일으키는 분야입니다. 자동차공학자는 승용차, 트럭, 버스, 오토바이, 오프로드 차를 개발하고 설계합니다. 오늘날 개발되고 있는 자율주행차를 연구하기도 하지요. 자동차를 이용한다는 건, 자동차공학자가 이룬 성과를 누리는 것과 같습니다. 자동차공학자는 기존 자동차를 개선하거나 첨단 자동차를 설계하고, 자동차 시스템에서 발견되는 문제를 해결합니다. 또 차량 안전을 설계하고 평가하지요. 몇몇 자동차공학자는 제조 효율이 높은 자동차 공정을 설계하기도 합니다.

산업공학

산업공학은 장비, 인력, 정보 등이 통합된 시스템을 설계하고 감독합니다. 산업공학자는 시스템 개발에 필요한 공학 지식뿐만 아니라 수학, 사회과학, 물리학, 의학 등 전문 지식도 다룹니다. 인간과 인간이 다루는 도구에 초점을 맞추고 연구하는 산업공학자를 인간공학자 혹은 인적 요소 공학자라고 부릅니다. 일반적으로 인간공학에서는 인간과 업무 공간 사이의 상호 작용을 연구합니다.

인간공학자는 공학 지식뿐만 아니라 인체에 대한 지식도 적용해 안전하고 효율적인 시스템과 절차, 장비를 설계합니다. 인간공학 관련 분야를 구체적으로 살펴보면 자동차 좌석 설계, 항공기 내부 설계, 휴대폰 디자인, 의료 전문가용 장비 설계 및 의료 절차 구축 등이 있습니다.

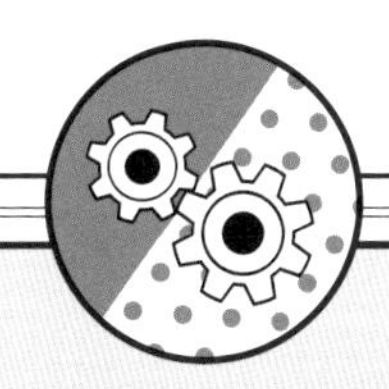

공학자가 되기로 마음먹은 계기는 무엇이었나요?

“전기공학자로 일하던 아버지께서 저를 생산 현장으로 데리고 가셨을 때 제 꿈은 시작되었습니다. 그곳에서 제품과 시스템을 배울 기회를 얻었지요. 하지만 고등학교에 진학하고 나서도 수학을 좋아하지는 않았습니다. 그런데 당시 수학 선생님께서 수학을 설명하는 방식은 다른 선생님들과 달랐습니다. 이후 모든 게 명확해졌어요. 맹목적으로 교과 과정에 따르기보다는 내가 좋아하는 분야에 더욱 집중하는 편이 낫다는 걸 깨닫고, 몇몇 선택 과목을 수강한 뒤 망설임 없이 물리학과에서 시스템공학과로 진로를 바꾸었지요. 시스템공학 공부를 좋아하긴 했지만 분야 특성상 공부 범위가 무척 넓었고, 따라서 제가 좋아하는 것과 싫어하는 것을 빠짐없이 배우기 위해 다른 공학 분야에서 운영하는 인턴십에 등록했습니다. 이러한 시행착오를 겪을 때면 늘 주위 멘토들이 격려해주었습니다. 지금 돌이켜보면 그때의 경험은 더할 나위 없이 소중합니다. 저는 제가 하는 일을 사랑하며, 시스템공학자로 일하는 것이 무척 자랑스럽습니다.”

— **시스템공학자 아슬리 아크바스**(Asli Akbas)

음향공학

음향공학자는 소리와 진동을 분석하고 제어하는 연구를 합니다. 여기에는 소리와 진동을 다루는 과학 이론을 적용해 불필요한 배경 소음을 제거하고 음질을 개선하는 일이 포함됩니다. 반대로 특정 소리를 강조하는 일도 해당하지요. 음향공학자는 또한 우리가 들을 수 없는 주파수 범위 내의 소리를 연구하기도 합니다. 이를테면 초음파를 활용해서 피로 균열(고체 재료에 작은 힘이 반복적으로 가해지면 서서히 생기는 균열_옮긴이)을 찾아내거나, 부품을 분해하지 않은 상태로 기계적 고장을 진단하고 예방합니다.

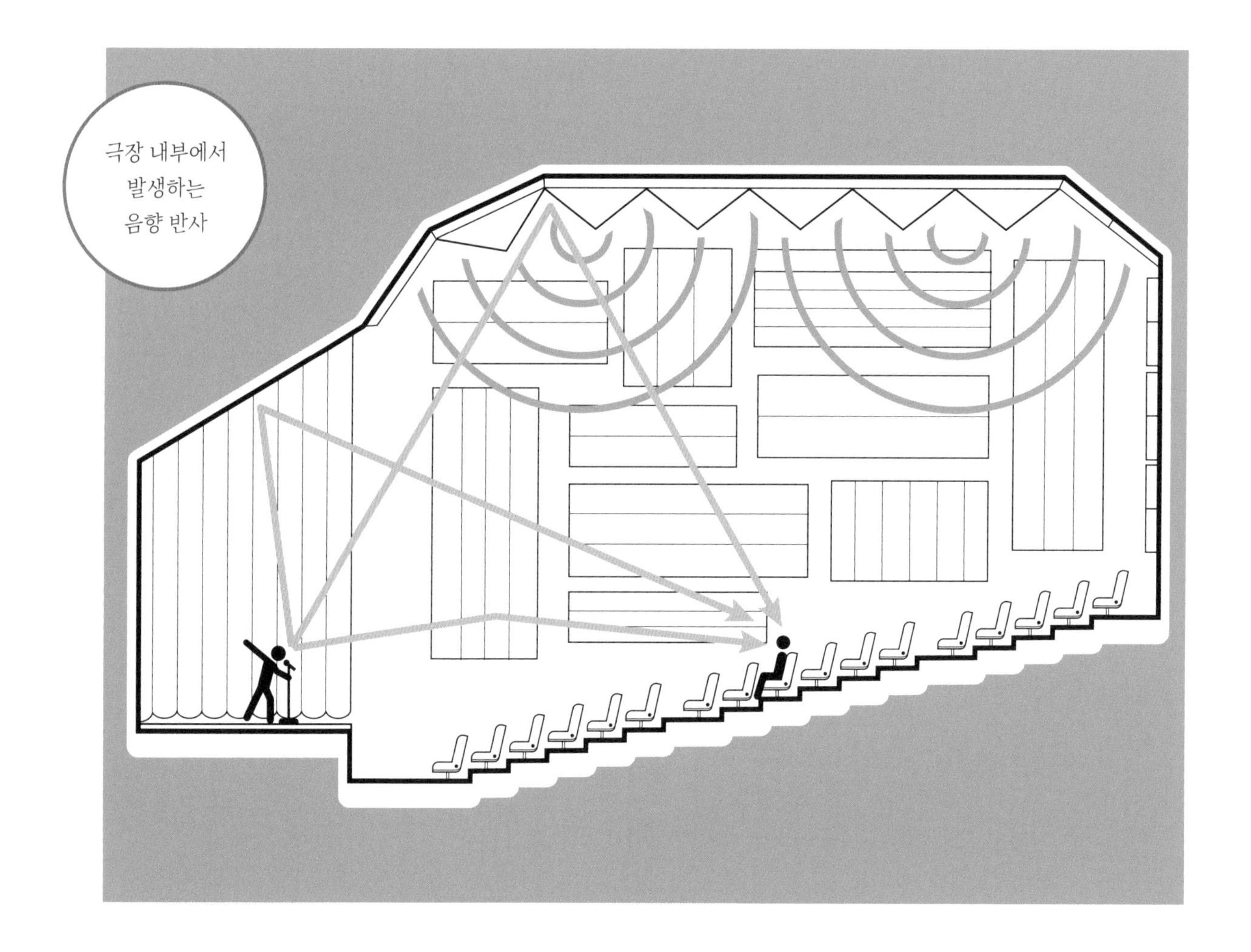

음향공학자가 되면 다른 공학자와 협력해 경기장, 콘서트홀, 녹음 스튜디오, 심지어 회의실까지 설계할 것입니다. 미국 음향학회는 음향공학의 하위 분야로 건축 음향, 수중 음향, 소음 제어, 음향 물리 등 다양한 분야를 꼽습니다. 선박이 방출한 수중 음파는 해저와 호수 바닥에 도달합니다. 그런데 소리나 빛을 반사하고 흡수하는 방식은 물질마다 제각기 다릅니다. 따라서 반사되어 돌아온 소리 신호를 측정하면, 물속 바닥을 구성하는 성분을 알아내거나 매립된 케이블을 찾을 수 있습니다.

음악가가 소리를 얼마나 중요하게 여기는지 안다면, 음향공학 대학원에서 공부하는 학생 중 상당수가 음악 분야 경력자라는 사실은 그리 놀랍지 않습니다. 음악이나 노래를 좋아한다면, 음향공학자가 되어 음악과 연관된 경력을 쌓을 수도 있습니다.

항공우주공학

항공우주공학자는 하늘을 나는 기계를 설계합니다. 비행을 제어하는 시스템뿐만 아니라 비행하는 기계를 개발하고 평가하며 생산하지요. 여기서 말하는 비행 기계에는 로켓과 우주선, 미사일 등이 속합니다.

항공우주공학은 근래에 떠오른 공학 분야입니다. 인간이 비행에 관심을 가진 시기는 아무리 늦게 잡아도 다빈치가 비행 기계 그림을 그린 1485년부터지만, 항공우주공학 분야가 등장한 것은 1800년대에 이르러서입니다. 이 시기에 인류 역사상 최초로 비행 실험이 진행되었습니다. 그리고 오랜 시간이 지나지 않아 비행과 관련된 두 가지 전문 분야가 등장했습니다. 항공공학은 우주로 나가지 않는 비행 기계, 즉 비행기와 헬리콥터와 고속 항공기 등을 연구합니다. 반면 우주공학은 우주선을 중심으로 비행과학 기술을 탐구합니다. 비행과학에 쏟아지는 범세계적 관심이 정부와 연방 기관의 재정 지원으로 이어지면서, 항공우주 분야의 폭도 넓어졌습니다.

항공우주공학이 이룩한 성과에는 화성 탐사 로봇이 있습니다. 탐사 로봇은 환경이 지구와 완전히 다른 화성에서도 작동하도록 제작되었습니다. 공학자가 화성 탐사 로봇을 제작하려면 알아야 하는 환경 조건을 떠올려봅시다. 희박한 대기와 산소(따라서 연소 엔진 구동이 불가능함), 약한 중력, 먼지 폭풍, 지구보다 도달하는 양은 적지만 크게 의존해야만 하는 태양 에너지 등 갖가지 환경 조건을 공학자는 환히 꿰고 있어야 합니다. 화성에 안전하게 착륙한 로봇이 수집한 정보를 지구로 전송했습니다. 화성 탐사 로봇은 항공우주공학이 거둔 찬란한 승리입니다!

제조공학

신발부터 자동차까지 일상생활에 쓰이는 거의 모든 것들은 공장에서 생산됩니다. 제품을 공장에서 생산하려면 제조공학자가 있어야 하지요. 제조공학자는 값싸지만 품질 좋고 안전한 제품을 생산하는 체계를 설계하고 운영합니다. 생산 체계 안에는 컴퓨터 네트워크, 로봇, 원료 취급 장비 등 여러 요소가 결합되어 있습니다. 제조공학자는 먼저 제품을 설계합니다. 그리고 제품 생산에 가장 적합한 절차를 선정하지요. 다음으로는 제품을 생산할 공장을 계획하고 설계합니다. 마지막으로 제조 설비를 운영하고, 제품 품질을 관리하며, 공장 내 설비를 유지보수하거나 개선하는 과정을 감독합니다.

오늘날은 기술이 복잡한 데다 개선되는 주기가 빨라서, 제조공학자가 해야 할 일도 덩달아 늘어나고 있습니다. 신제품이나 신기술이 탄생할 때마다 기존 제품 전체가 아닌 일부만 변경된다고 하더라도, 그에 맞는 제조 기술이 새롭게 개발되어야 합니다.

기계공학이 해결해야 할 과제

기계공학이 해결해야 할 몇몇 과제는 석유 및 가스 산업에 있습니다. 석유·가스 산업계에서 추진하는 프로젝트에는 대부분 송유관을 새롭게 설계하고 건설하는 과정이 포함됩니다. 송유관이 제대로 건설되지 않으면, 프로젝트는 막대한 경제적 손실을 보게 됩니다. 석유·가스 프로젝트는 경제 부담 외에 환경 부담도 짊어집니다. 기계공학자로 일하려면 석유·가스 공급과 연관된 다양한 요소들과 송유관 설계 과정을 잘 알아야 합니다. 석유·가스 누출 사고가 발생하면 지역 주민과 환경은 크나큰 고통을 겪게 됩니다.

앞에서 논의한 바와 같이, 전 세계 수많은 사람들이 깨끗한 물에 손쉽게 접근할 수 있기를 간절히 바라고 있습니다. 공학자는 앞에서 언급한 물 문제들을 해결하는 동시에 오염 물질이 식수로 흘러드는 상황을 막으려 노력합니다. 2014년 미시간주 플린트 시민들은 도시의 물 공급원이 바뀐 후부터 식수가 납으로 오염되어 있었다는 사실을 알게 되었습니다. 납으로 오염된 식수는 믿기지 않을 만큼 몸에 해롭습니다.

납 함유량이 높은 식수는 특히 임신부의 건강을 해칠 뿐만 아니라 어린이에게 학습 장애를 초래합니다. 플린트 수돗물이 납에 오염되었다는 사실이 널리 알려지면서, 공중보건에 거대한 위기가 찾아왔습니다. 플린트 시민들은 수돗물을 더는 사용할 수 없게 되었습니다. 상황이 심각해진 끝에, 수도관이 대규모로 교체되었습니다. 기계공학자는 정부 및 공공 보건 관계자와 협력해 시민들이 깨끗하고 안전한 수돗물을 공급받을 수 있도록 노력합니다.

기계공학자는 새로운 에너지 저장 장치와 대체 에너지원을 개발합니다. 배터리에 쓰이는 첨단 소재와 에너지 저장 방식도 연구하지요. 리튬 이온 배터리는 성능이 좋지만, 수명이 짧습니다. 열에너지를 많이 배출하기도 하지요. 이 같은 유형의 배터리는 소형 기기에 전력을 공급하는 용도로는 쓸 수 있으나 태양 에너지나 풍력 에너지 같은 대체 에너지를 저장하기에는 부족하므로, 그러한 용도에 적합한 배터리가 개발되어야 합니다. 태양 에너지나 풍력 에너지에서 전력을 공급받는 집에 거주한다면, 날씨가 흐린 날에는 무슨 일이 일어날까요? 밤에는 어떨까요? 바람이 안 부는 날은 괜찮을까요? 그러한 집에 산다면, 햇빛이 쨍쨍한 낮이나 바람이 부는 날 저장한 에너지에 의존해야 합니다.

태양 전지판을 사용하는 전형적인 시스템이 구축된 주택은 낮에 생산하고 남는 에너지를 전력망으로 내보냈다가, 밤에 전기가 필요해지면 전력망으로 에너지를 다시 공급받습니다. 그런데 날이 갈수록 잉여 에너지를 직접 저장하기를 원하는 소비자가 늘고 있습니다. 에너지를 직접 저장하기에 알맞은 시스템이 있긴 하지만, 지금도 개발되는 중입니다.

기억하세요. 리튬 이온 배터리를 개발하는 데 40년이 걸렸으므로, 기존의 에너지 저장 기술을 개선하거나 신기술을 개발하는 분야에 지금 당장 뛰어든다고 해도 전혀 이르지 않습니다.

기계공학을 전망하다

전 세계에 산적한 문제들을 해결하려면, 미래의 기계공학자는 제품 설계에 능통해야 하며 사회가 가장 절실히 요구하는 것이 무엇인지, 그리고 자신이 설계한 결과물이 환경에 어떤 영향을 미치는지 알아야 합니다. 신소재와 첨단 기술이 등장할수록 기계공학자는 새로운 기회를 맞이할 것이며, 그에 따른 새로운 역량이 필요할 것입니다.

기계공학자는 깨끗이 정화한 물을 전 세계에 원활하게 공급하는 획기적인 체계와 절차를 개발할 것입니다. 이미 전 세계 각국에서 태양 에너지처럼 친환경적인 자원을 활용해 물을 정화하거나 담수화하는 방법을 연구하고 있습니다.

대체 에너지원과 에너지 저장장치가 얼마나 중요한지는 아무리 강조해도 지나치지 않습니다. 현재 지구는 균형이 무너진 상태입니다. 화석 연료를 태우면서 발생하는 오염 물질이 대기 중으로 너무 많이 유입되었기 때문이지요. 자동차와 산업계가 환경 오염을 초래한다는 사실은 2020년 봄 코로나19가 미국 전역을 강타했을 때 명백히 드러났습니다. 위성 사진을 분석한 결과, 코로나19가 유행하면서 차량 통행량이 줄어들고 공장 가동률이 낮아지자 오염 물질 수치도 큰 폭으로 감소했습니다.

기계공학자는 환경공학자, 화학공학자, 전기공학자, 소프트웨어공학자, 경제학자 등 수많은 다른 분야 전문가와 협력합니다. 이들 전문가 집단은 새로운 절차와 평가 방법을 만드는 동시에 만들어진 절차와 평가 방법을 수행할 실험실을 설계하고, 첨단 시뮬레이션 프로그램과 각종 소프트웨어를 개발하고, 연료 전지 기술을 향상하고, 기계 효율을 개선하고, 혁신적인 초소형 센서를 제작하며, 세상에 없던 기술을 탄생시킬 것입니다.

에너지 분야는 기후변화와도 연결됩니다. 기계공학자는 특정 지역의 기후 및 대기 상태를 감시하는 센서와 분석 기기도 개발합니다. 기계공학자는 생체역학 분야에서도 일합니다. 첨단 의료기기와 장비를 설계하고, 생명체 안에서 일어나는 다양한 반응을 탐구하며, 획기적인 치료법을 찾아내 환자 치료에도 도움을 줍니다. 시뮬레이션 및 모델링 소프트웨어에 의존하는 업무도 많습니다. 따라서 컴퓨터공학과 생물학

과목을 공부해서 전문 지식을 보충하기도 합니다.

기계공학이 발전할수록 공학자는 많은 업무를 컴퓨터로 처리하게 될 것입니다. 그러므로 능숙하게 이메일을 전송하고 인터넷을 검색하며 사무용 소프트웨어를 다룰 줄 알아야 합니다. 앞으로 공학자는 실험실에서 직접 실험하는 대신에 컴퓨터 시뮬레이션으로 실험할 것입니다. 공기 흐름과 같은 물리 조건이나 나노 재료 기반의 설계도 시뮬레이션할 수 있습니다. 이러한 형태의 업무는 경쟁을 바탕으로 수요가 점차 늘어날 전망입니다. 시뮬레이션을 활용하면 실제 실험에 드는 시간을 절약하여 기술을 더욱 빠르게 개발할 수 있지요.

기계공학의 미래

농업은 인간 문명을 구성하는 요소입니다. 수천 년 동안, 인류는 효과적이며 안전하게 식량을 재배하고 가축을 돌보는 기술을 익혀왔지요. 최근 농업계에서는 농업용 드론을 집중적으로 연구·개발하고 있습니다.

드론은 용도가 다양한데, 농업 분야에서는 지속가능한 농업 경영을 가능하게 해주는 도구로 드론을 활용합니다. 드넓은 농장을 능률적으로 추적·관찰해서 실시간으로 데이터와 촬영물을 제공하는 드론을 이용하면, 농부는 농장 상황을 쉽게 파악하고 농장 운영 방식을 간소화할 수 있습니다.

드론에는 농업 기술을 발전시키고 농작물의 재배, 관리, 유통 방식을 변화시킬 잠재력이 있습니다. 드론은 아직 농업계에 주류로 진입하지 못했지만, 정밀 농업 분야에서 차지하는 비중이 나날이 늘어나고 있습니다. 또 농업 생산량과 수익성을 올려서 농부가 지속가능한 농법으로 농사를 계속 지을 수 있도록 돕습니다.

농작물은 해충, 곰팡이, 잡초의 공격을 받아 수확량이 갑자기 감소하기도 합니다. 해충이 창궐하거나 농작물에 문제가 발생했을 때, 드론으로 그 문제를 공략하고 치료할 수 있습니다. 드론 기술은 특히 인도 같은 나라에서 유용한데, 인도는 지방 거주민의 70퍼센트 이상이 농업에 종사하고 거주 지역에서 재배되는 농작물에 의존해 살아갑니다. 병충해가 번지면 농업 생산성이 떨어지며 결국 그 지역 주민의 삶의 질이 낮아집니다. 그래서 비료와 살충제를 뿌려 해충을 퇴치하고 건강한 농작물을 수확하지요. 그런데 세계보건기구에 따르면, 매년 100만 명이 살충제를 손으로 직접 뿌리다가 병에 걸립니다. 사람 대신 드론으로 살충제를 살포하게 된다면, 수많은 농업 종사자를 보호할 수 있을 것입니다.

정밀 농업 기술을 활용하면 주변 환경과 해충의 특성을 고려해 생물학적·화학적·물리적 방법을 조합해서 병충해를 관리할 수 있습니다. 농공학 전문가들은 농민이 지속가능한 농법을 고수할 수 있도록 농장 원격 감시, 농작물 육안 검사, 병충해 예방 등을 가능하게 해주는 드론과 각종 혁신 기술을 지원해야 한다고 입을 모읍니다.

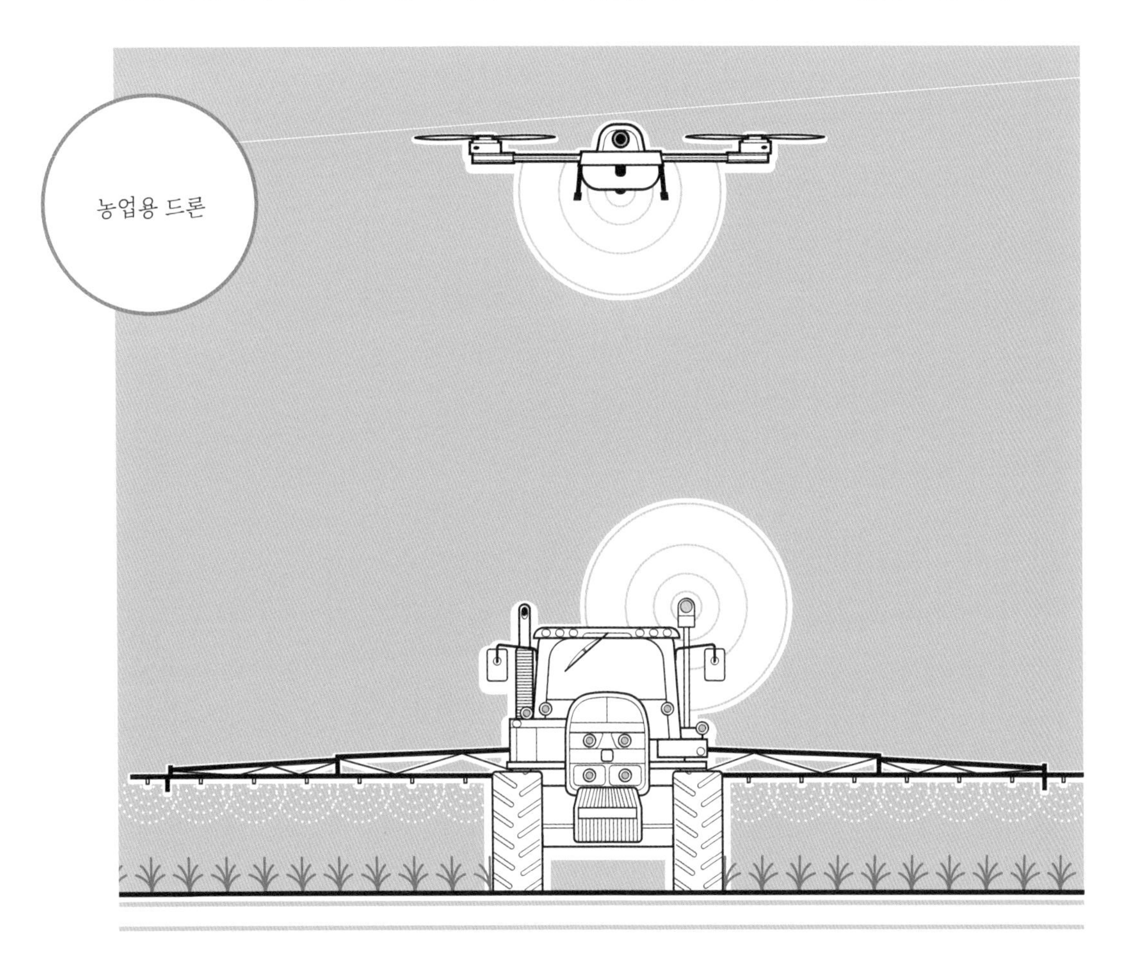

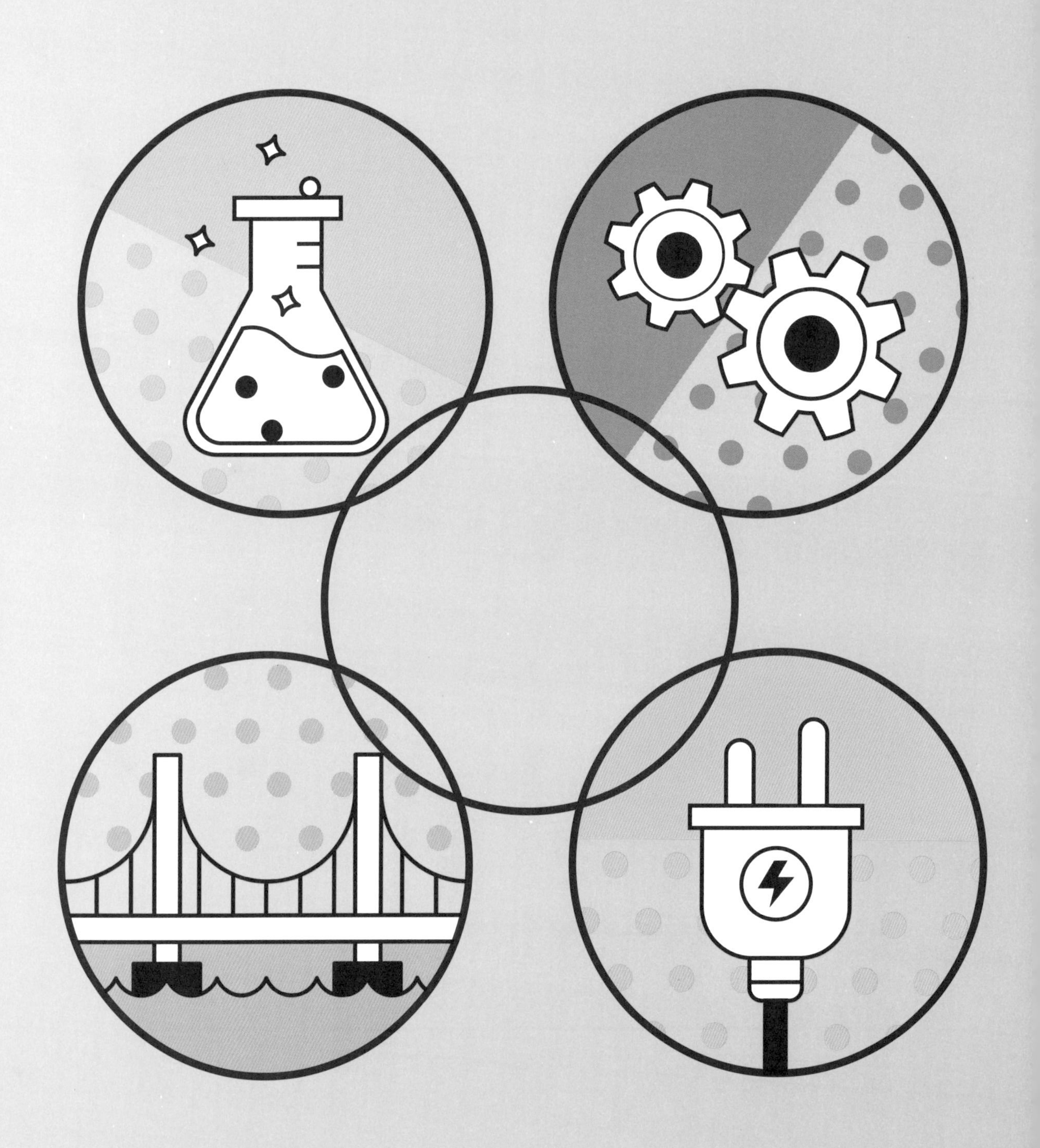

6장
나는 어떤 공학자가 될까?

이제는 공학이 어떠한 학문이며 어느 분야를 포함하는지, 그리고 공학자가 무슨 일을 하는지 알게 되었을 것입니다. 여러분도 장차 전 세계에 영향력을 발휘할 공학자가 될 수 있다는 희망을 얻었기를 바랍니다.

한 가지 확실한 건, 공학 분야에 뛰어들면 지루할 틈이 없을 것입니다. 공학은 끊임없이 변화하고 발전하는 분야로, 공학자가 되려면 미래 세계를 눈부시게 발전시킬 빛나는 창의력을 지녀야 합니다. 나중에 공학자가 되면, 여러분이 거주하는 나라의 국경선 너머까지 시야를 넓히세요. 공학자는 국경에 구애받지 않고 전 세계 사람들과 지역사회에 변화를 일으킵니다. 그리고 지구에 산적한 문제를 해결하고, 각 공학 분야에 남겨진 과제를 풀고, 유엔이 정한 지속가능한 개발 목표를 달성하는 데 도움이 되는 새로운 제품과 서비스, 자원을 개발합니다.

퀴즈: 나는 어떤 공학 분야가 잘 맞을까?

지금 여러분은 어느 공학 분야가 자신과 잘 맞을지 궁금할 것입니다. 이는 공학자에게 다채로운 기회가 주어진다는 사실을 알게 된 청소년들이 흔히 던지는 질문입니다. 아래에 나열된 퀴즈의 답을 찾다 보면 여러분에게 가장 적합한 공학 분야가 무엇인지 알 수 있습니다.
질문을 읽고, 여러분의 생각을 가장 잘 표현하는 보기를 선택하세요.

1. 저녁 늦게까지 일해야 한다면, 어떤 일을 하고 싶은가요?

A. 수돗물 속 오염 물질을 제거하는 가정용 여과 필터 설계하기
B. 무게 3킬로그램까지 지탱하는 다리를 스파게티 면으로 만들기
C. 사람이 방에 들어가면 불이 켜지고, 나오면 불이 꺼지는 시스템 설계하기
D. 반려견에게 사료를 준 다음 뒷정리까지 하는 자동 사료 급여기 설계하기

2. 가장 재미있어 보이는 수업 과제는 무엇인가요?

A. 세계 인구 증가가 초래한 식량 문제 탐구하기
B. 무게 100그램까지 지탱하는 작은 돔을 설계하고 건설하기
C. 슈퍼마켓에서 잘 익은 농산물을 골라주는 회로 만들기
D. 놀이기구에 가해지는 힘 측정하기

3. 가장 견학하고 싶은 현장은 어디인가요?

A. 향수 제조실 또는 의약품 실험실

B. 올해의 건축상을 받은 다리

C. 인근 지역에 전기를 분배하는 발전소

D. 드론을 설계하고 제조하는 작업장

4. 만약 시간과 돈이 여유롭다면, 어떤 활동을 하고 싶은가요?

A. 독감 바이러스에 갖다 대면 분홍색으로 변하는 시험지 개발하기

B. 다친 바다소가 잠시 머무는 수족관 설계하기

C. 수험생이 세운 기준에 맞추어 대학 선택을 도와주는 컴퓨터 프로그램 설계하기

D. 수영장 물을 따뜻하게 데우는 태양 에너지 시스템 설계하기

5. 가장 재미있어 보이는 활동은 무엇인가요?

A. 휴대폰 내부에 물이 들어가지 않도록 처리하는 방법 개발하기

B. 집과 학교를 연결하는 스쿠터 전용 도로 설계하기

C. 정보가 저장된 위치를 안내하는 컴퓨터 앱 개발하기

D. 집안일을 도맡아 하는 로봇 설계하기

6. 가장 좋아하는 수업이나 이야기 주제는 무엇인가요?

A. 화학 또는 생물학

B. 건축, 설계 또는 도면 그리기

C. 컴퓨터 프로그래밍

D. 기계 설계

7. 가장 쉽게 떠올릴 수 있는 자신의 모습은 무엇인가요?

A. 상품의 신선도를 유지해주는 물질을 개발하는 나

B. 도시와 고속도로의 위치를 결정하고 설계하는 나

C. 컴퓨터 소프트웨어를 개발하는 나

D. 비행기 혹은 로켓을 설계하는 나

8. 가장 마음이 설레는 프로젝트는 무엇인가요?

A. 반려동물을 해치지 않는 잔디 농약 개발하기

B. 허리케인이 강타한 동네에 지을 튼튼한 주택 모델 설계하기

C. 자석 두 개에서 생성된 자기장의 세기를 측정하는 회로 구축하기

D. 어린이가 안전하게 탈 수 있는 스쿠터 설계하기

9. 비디오를 시청해 첨단 기술을 습득해야 한다면, 어떤 기술을 선택하고 싶나요?

A. 비타민을 먹으면 어떤 경로로 몸 상태와 기분이 변화하는지 알아내는 기술

B. 고카트 경기장을 만들기에 가장 적합한 소재를 찾는 기술

C. 연기 감지기와 전기 센서를 사용해 산불을 조기에 발견하는 기술

D. 롤러코스터를 설계하는 기술

10. 보건 산업과 관련된 일 중에서 가장 하고 싶은 일은 무엇인가요?

A. 특정 개 품종에 알레르기가 있는지 판별하는 검사법 개발하기

B. 노숙인을 위한 이동식 병원으로 쓰일 버스 설계하기

C. 원격으로 심박수를 확인하는 심박 측정기 개발하기

D. 장애인의 보행을 돕는 전자식 보행기 설계하기

이제, 결과를 집계해봅시다

A	B	C	D

'A'를 가장 많이 선택했어요 : 아마도 여러분은 화학공학 분야가 잘 맞을 것입니다. 화학공학은 의공학, 생명화학공학, 환경공학, 재료공학과도 관련이 깊지요. 성장세가 뚜렷한 원자력공학도 화학공학에 속합니다.

'B'를 가장 많이 선택했어요 : 토목공학 분야에서 일하면 어떨지 진지하게 고민해보세요. 토목공학은 건설공학, 환경공학, 도시공학, 교통공학을 아우르는 광범위한 학문입니다. 여러분이 가진 지식과 역량과 열정을 발휘할 만한 흥미로운 도전 과제가 수없이 남아있습니다.

'C'를 가장 많이 선택했어요 : 여러분은 훌륭한 전기공학자가 될 수 있습니다. 전기공학자는 전력공학, 소프트웨어공학, 컴퓨터공학, 통신공학 분야에도 뛰어듭니다. 인터넷으로 전 세계가 촘촘하게 연결될수록, 전기공학자에게 더 많은 기회가 주어질 것입니다.

'D'를 가장 많이 선택했어요 : 여러분은 기계공학이 적성에 잘 맞을 것입니다. 기계공학과 연관된 분야에는 항공우주공학, 제조공학, 산업공학이 있습니다. 이 분야에서 여러분은 전 세계에 변화를 일으킬 기회를 얻을 것이며, 다른 공학 분야에서 일하는 사람과 종종 긴밀하게 협력할 것입니다.

두 가지 보기를 같은 개수만큼 선택했다 하더라도 놀라지 마세요. 두 분야 모두 적성에 맞을 수 있으니까요. 하나의 공학 분야를 주전공으로 삼고, 다른 공학 분야를 부전공으로 공부하고 싶어질지도 모릅니다. 공학자는 여러 분야를 넘나들며 활약합니다. 때로는 전공이 아닌 공학 분야에서 일하기도 하지요. 두 가지 이상의 공학 분야가 적성에 맞는다면, 다양한 분야에 걸쳐 각양각색 아이디어를 발휘할 기회를 얻을 것입니다.

축하합니다!

공학자가 놀랍고도 흥미진진하며 무궁무진한 기회를 발판으로 온 세상에 변화를 일으킨다는 사실을 발견했기를 바랍니다. 미래에 한발 다가선 여러분을 환영합니다! 공학자가 되는 길은 신나고 즐겁지만, 때로는 고통스럽고 지루한 난관에 부딪히게 됩니다. 하지만 여러분은 해낼 수 있습니다. 여러분은 공학자가 되는 데 필요한 모든 것을 이미 갖추었습니다. 공학자로 성장하는 동안 사회에 마련된 다양한 지원 시스템을 활용하기를 바랍니다. 앞에서 언급한 선배 공학자들의 어린 시절 이야기가 기억나나요? 수년 전 선배 공학자들은 현재의 여러분과 똑같았지만, 마침내 공학자가 되었습니다. 여러분도 할 수 있어요.

공학은 대학에서도 어려운 전공 분야이기에, 시험을 대비해 공부하는 동안 무척 힘들 것입니다. 공부하고 싶지 않아도 반드시 수강해야만 하는 과목도 있습니다. 이는 대학에 개설된 대부분의 다른 전공도 마찬가지지요. 그러한 어려운 시기를 거치거나 장애물과 마주쳤을 때, 혹은 실패와 맞닥뜨릴 때도 여러분의 꿈을 소중히 간직하길 바랍니다. 어쩌면 교사나 교수, 멘토에게 도움을 받아야 할 수도 있습니다. 학업에 별다른 어려움이 없어도 멘토와 소통하면 좋습니다. 공학은 어려운 학문이지만, 분명 도전할 가치가 있습니다.

마지막으로, 어떠한 어려움이 닥치더라도 공학자가 된다는 목표에 집중하며 열정을 발휘하라는 격려의 말을 남기고 싶습니다. 학문적 어려움, 재정적 어려움, 그 밖의 어떠한 고난도 여러분을 막지 못합니다. 선배 공학자들이 여러분의 든든한 버팀목이 되겠습니다. 멘토에게 먼저 손을 내밀어보세요.

무엇보다도, 중도에 포기하지 마세요! 공학자가 되겠다는 여러분의 꿈이 이루어지기를 기원합니다.

참고 문헌

Chapter 1

Aalto University. “New Research Improves Drone Detection for Increased Public Safety.” TechXplore.com. March 18, 2020. TechXplore.com/news/2020-03-drone-safety.html.

All That’s Interesting. “Ingenious Leonardo Da Vinci Inventions That Forever Changed History.” AllThatsInteresting.com. Last modified August 14, 2018. AllThatsInteresting.com/leonardo-da-vinci-inventions.

Anderson, John L. “President’s Perspective: What Is Engineering?” National Academy of Engineering. December 18, 2019. NAE.edu/221278 / presidents-perspective-what-is-engineering.

Biography.com. “Elijah McCoy.” Last modified February 7, 2020. Biography.com /inventor/elijah-mccoy.

Biography.com. “Elon Musk.” Biography.com/business-figure/elon-musk.

Biography.com. “Nikola Tesla.” Last modified September 4, 2019. Biography.com /inventor/nikola-tesla.

Bort, Julie, and Rachel Sandler. “The 39 Most Powerful Female Engineers of 2018.” BusinessInsider.com. June 21, 2018. BusinessInsider.com/the-most-powerful-female-engineers-of-2018-2018-4#no-1-gwynne-shotwell-coo-of-spacex-39.

Brown, Alan S. “Tom Scholz: Engineering a Unique Rock Sound.” The Bent of Tau Beta Pi. Spring 2016. TBP.org/pubs/features/Sp16Brown.pdf.

The Conversation. “How to Involve More Women and Girls in Engineering.”USNews.com. October 17, 2016. USNews.com/news/stem-solutions/articles/2016-10-17/how-to-involve-more-women-and-girls-in-engineering.

Cummings, Mike. "Robots That Admit Mistakes Foster Better Conversation in Humans." ScienceDaily.com. March 9, 2020. ScienceDaily.com/releases/2020/03/200309152047.htm.

Editors of Encyclopedia Britannica. "Mary Jackson." Britannica.com. Britannica.com/biography/mary-jackson-mathematician-and-engineer.

EngineerGirl. "Edith Clarke." EngineerGirl.org/125222/edith-clarke.

Engineering.com. "Alexander Graham Bell." September 29, 2006. Engineering.com/blogs/tabid/3207/articleID/3/alexander-graham-bell.aspx.

Engineering and Technology History Wiki. ethw.org/Hedy_Lamarr.

English, Trevor. "7 Amazing Inventions from Archimedes." InterestingEngineering.com. September 29, 2019. InterestingEngineering.com/7-amazing-inventions-from-archimedes.

EverydayFeminism.com. "Patricia Valoy." EverydayFeminism.com/speakers-bureau-old/patricia-valoy.

FamousScientists.org. "Archimedes." FamousScientists.org/archimedes.

George Fox University. "Why Choose Engineering?" GeorgeFox.edu/academics/undergrad/departments/engr/benefits.html.

iD Tech. "STEM Camps, After-School Programs, Classes & Online." iDTech.com/stem-summer-camps-resources.

Kubota, Taylor. "Shape-Changing, Free-Roaming Soft Robot Created." ScienceDaily.com. March 18, 2020. ScienceDaily.com/releases/2020/03/200318143711.htm.

Latham, Shelley. "A History of Innovation: Pioneering Achievements of Black-Engineers." February 8, 2018. LinkEngineering.com. LinkEngineering.org/explore/LE_Blog/52515.aspx.

LinkEngineering.com. "Engineering, a Brief History." LinkEngineering.org/explore/what-is-engineering/engineering-brief-history.aspx.

Nathanson, Rick. "UNM engineer works to transform joint implants."Al-buquerqueJournal.com. March 25, 2020. ABQJournal.com/1436642/unm-engineer-works-to-transform-joint-implants.html.

National Society of Professional Engineers. "Ten 'Fun and Exciting' Facts about Engineering." NSPE.org/resources/press-room/resources/ten-fun-and-exciting-facts-about-engineering.

Oran, Elaine. "Yvonne C. Brill." National Academy of Engineering. NAE.edu/219742/yvonne-c-brill-19242013.

Ranker.com. "Famous Engineers from Mexico." October 13, 2018. Ranker.com/list/famous-engineers-from-mexico/reference.

Represent365.com. "Hattie Scott Peterson." Represent365.com/hattie-scott-peterson.

Sharma, Harshita. "10 Famous Engineers Who Made Significant Changes to the World." YourStory.com. April 13, 2018. YourStory.com/mystory/30e4ce5fb4-10-famous-engineers-wh.

Society of Women Engineers. "Hispanic Heritage Month Spotlight: Scarlin-Hernandez." September 26, 2017. AllTogether.SWE.org/2017/09/hispanic-heritage-month-spotlight-scarlin-hernandez.

Think TV Network. "History of Engineering." FuturesInEngineering.org/what.php?id=1.

TopUniversities.com. "Top 5 Reasons to Study Engineering." July13, 2015. TopUniversities.com/blog/top-5-reasons-study-engineering.

University of Michigan Electrical Engineering and Computer Science Department. "Willie Hobbs Moore." April 12, 2016. ECE.UMich.edu/bicentennial/stories/willie-hobbs-moore.html.

University of Newcastle's Faculty of Engineering and Built Environment. "What Is Engineering?" February 10, 2013. YouTube.com/watch?v=bipTWWHya8A.

Vyas, Kashyap. "11 of the Oldest Engineering Schools in the World That Shaped the Field." InterestingEngineering.com. October 13, 2018. InterestingEngineering.com/11-of-the-oldest-engineering-schools-in-the-world-that-shaped-the-field.

Wendorf, Marcia. "7 Famous People Who Put Their Engineering Educationto Good Use." InterestingEngineering.com. January 15, 2020. InterestingEngineering.com/7-famous-people-who-put-their-engineering-education-to-good-use.

Whitehouse, Annie. "3 Engineering Role Models to Celebrate Hispanic Heritage Month." Engineering is Elementary (EiE), Boston Museum of Science. September 17, 2019. Blog.EiE.org/3-engineering-role-models-to-celebrate-hispanic-heritage-month.

Youngblood, Tim. "Historical Engineers: Alexander Graham Bell and the First Telephone." AllAboutCircuits.com. March 3, 2018. AllAboutCircuits.com/news/historical-engineers-alexander-graham-bell-and-the-first-telephone.

Chapter 2

Alam, Afsana. "Famous Chemical Engineers Who Changed the World." GineersNow.com. GineersNow.com/engineering/chemical/famous-chemical-engineers-who-changed-the-world.

American Institute of Chemical Engineers. "Achievements in the Environment."Last modified January 11, 2017. AIChE.org/community/students/career-resources-k-12-students-parents/what-do-chemical-engineers-do/saving-environment/achievements.

American Institute of Chemical Engineers. "What Does a Chemical Engineer Do?" Last modified July 23, 2020. AIChE.org/k-12/what-do-chemical-engineers-do.

Costa, R., G. D. Moggridge, and P. M. Saraiva. "Chemical Product Engineering:An Emerging Paradigm within Chemical Engineering." 52, no. 6 (June 2006):1976–86. AIChE.onlinelibrary.wiley.com/doi/full/10.1002/aic.10880.

Devarakonda, Kashi Vishwanadh. "What Are Some of the Problems Faced in Chemical Engineering in Industries?" Quora.com. February 19, 2015. Quora.com/what-are-some-of-the-problems-faced-in-chemical-engineering-in-industries.

EngineerGirl. "Materials Engineer." EngineerGirl.org/6075/materials-engineer.

EngineerGirl. "Nuclear Engineer." EngineerGirl.org/6077/nuclear-engineer.

Engineering and Technology History Wiki. ethw.org/100_Chemical_Engineers_of_the_Modern_Era.

EnvironmentalScience.org. "What Is an Environmental Engineer?" EnvironmentalScience.org/career/environmental-engineer.

Feeney, Emer. "9 Soft Skills Engineers Need to Maximise Career Success." SL Controls. June 27, 2018. SLControls.com/us/9-soft-skills-engineers-need-to-maximise-career-success.

Garnier, Gil. "Grand Challenges in Chemical Engineering." 2, no. 17 (2014). NCBI.NLM.NIH.gov/pmc/articles/PMC3988393.

Gonzalez, Cecile J. "Chemical Engineer Purifies Water with Prickly Pear." LiveScience.com. August 12, 2010. LiveScience.com/6853-chemical-engineer-purifies-water-prickly-pear.html.

Helmenstine, Anne Marie. "What Is Chemical Engineering?" ThoughtCo.com.Last modified December 24, 2018. ThoughtCo.com/what-is-chemical-engineering-606098.

Hunter, Jimmy. "The Problem Solver." The Chemical Engineer. May 20, 2019. TheChemicalEngineer.com/features/the-problem-solver.

IChemE: The Official Blog for the Institution of Chemical Engineers. "Five Every-Day Products and the Chemical Engineering That Goes into Them (Day 148)." IChemEBlog.org/2014/10/22/five-every-day-products-and-the-chemical-engineering-that-goes-into-them-day-148.

Indeed Career Guide. "What Is Biochemical Engineering?" Indeed.com. November 23, 2020. Indeed.com/career-advice/finding-a-job/what-is-biochemical-engineering.

Indian National Science Academy. "Indian Fellow." INSAIndia.res.in/detail/N95-1176.

Kokemuller, Neil. "The Role of Chemical Engineers." HoustonChronicle.com. Work.Chron.com/role-chemical-engineers-3641.html.

Lucas, Jim. "What Is Biomedical Engineering?" LiveScience.com. September 25, 2014. LiveScience.com/48001-biomedical-engineering.html.

Lucas, Jim. "What Is Chemical Engineering?" LiveScience.com. October 3, 2014. LiveScience.com/48134-what-is-chemical-engineering.html.

Lucas, Jim. "What Is Environmental Engineering?" LiveScience.com.October 22, 2014. LiveScience.com/48390-environmental-engineering.html.

Mendeley Ltd. "Biomedical Engineering: What Is It and What Are the Career Opportunities?" April 17, 2018. Mendeley.com/careers/article/biomedical-engineering-career-opportunities.

National Academy of Engineering. "Section 03—Chemical Engineering." NAE.edu/ChemicalEngineering.aspx.

National Academy of Engineering. "Section 09—Materials Engineering." NAE.edu/materialsengineering.aspx.

National Science Foundation. "Collaborative Research: Bubble Impacting a Curved Surface: A Sustainable Way to Sanitize Produce." NSF.gov/awardsearch/showAward?AWD_ID=1920013.

Novorésumé. "Engineering Resume Sample & How-to Guide for 2020." March 27, 2020. NovoResume.com/career-blog/engineering-resume.

The Ohio State University College of Engineering: Chemical and Biomolecular-Engineering. "Liang-Shih Fin." CBE.OSU.edu/people/fan.1.

Stanford Engineering Staff. "Stephen Quake: What Can the DNA in Your Blood Reveal about Your Health?" Stanford University Department of Engineering.November 22, 2019. Engineering.Stanford.edu/magazine/article/what-can-dna-your-blood-reveal-about-your-health.

The Telegraph. "Chemical Engineering—Facts to Know." Telegraph Media Group Limited. May 1, 2015. Jobs.Telegraph.co.uk/article/chemical-engineering -facts-to-know.

UNICEF. "Child Survival Fact Sheet: Water and Sanitation." UNICEF.org/media/media_21423.html.

United Health Foundation. "America's Health Rankings." AmericasHealthRankings.org.

Zach Star. "What Is Chemical Engineering?" YouTube.com/watch?v=RJeWKvQD90Y.

Chapter 3

American Society of Civil Engineers. "Civil Engineering Grand Challenges: Opportunities for Data Sensing, Information Analysis, and Knowledge Discovery." October 14, 2014. ASCE.org/computing-and-it/news/20141014-civil-engineering-grand-challenges--opportunities-for-data-sensing,-information-analysis,-and-knowledge-discovery.

TheBeautyOfTransport.com. "Somewhere over the Rainbow (Nanpu Bridge, Shanghai, China." March 6, 2013. TheBeautyOfTransport.com/2013/03/06/somewhere-over-the-rainbow-nanpu-bridge-shanghai-china.

Bridgeinfo.net. "Infinity Bridge." Bridgeinfo.net/bridge/index.php?ID=136.

BrightHubEngineering.com. "What Is Municipal Engineering?" July 26, 2009. BrightHubEngineering.com/structural-engineering/43276-fundamentals-of-municipal-engineering.

Cambridge Dictionary. "Civil Engineering." Dictionary.Cambridge.org/us/dictionary/english/civil-engineering.

Chron Contributor. "Three Types of Transportation Engineering." HoustonChronicle.com. Last modified October 15, 2020. Work.Chron.com/three-types-transportation-engineering-24045.html.

Columbia University Civil Engineering and Engineering Mechanics. "Transportation Engineering." Civil.Columbia.edu/transportation-engineering.

CRH Americas. "Permeable Concrete Absorbs 4,000 Liters of Water in 60 Seconds." June 26, 2018. BuildingSolutions.com/industry-insights/permeable-concrete-absorbs-4000-liters-of-water-in-60-seconds.

Denchak, Melissa. "Flooding and Climate Change: Everything You Need to Know." National Resources Defense Council. April 10, 2019. NRDC.org/stories/flooding-and-climate-change-everything-you-need-know.

Doyle, Alison. "Civil Engineer Skills List and Examples." Dotdash. Last modifiedOctober 26, 2019. TheBalanceCareers.com/list-of-civil-engineer-skills-2062371.

Earth How. "What Do Geotechnical Engineers Do?" Last modified May 17, 2020. EarthHow.com/geotechnical-engineer-career.

EnvironmentalScience.org. "What Is an Environmental Engineer?" EnvironmentalScience.org/career/environmental-engineer.

Hydrotech, Inc. "The 10 Most Beautiful Water Dams from around the World." Hydrotech-Group.com/blog/the-10-most-beautiful-water-dams-from-around -the-world.

Jackson, Felicia. "Top Ten Building Innovations for Civil Engineers." Raconteur.net. June 14, 2015. Raconteur.net/business-innovation/top-ten-construction-innovations.

Job Hero. "Construction Engineer Job Description." JobHero.com/construction-engineer-job-description.

KC Engineering and Land Surveying, P.C. "5 Famous Civil Engineers You ShouldKnow." October 16, 2017. KCEPC.com/5-famous-civil-engineers-you-should -know.

Lucas, Jim. "What Is Environmental Engineering?" LiveScience.com. October 22, 2014. LiveScience.com/48390-environmental-engineering.html.

McFadden, Christopher. "11 Civil Engineering Projects That Might Define the-Future." InterestingEngineering.com. June 26, 2018. InterestingEngineering.com/11-civil-engineering-projects-that-might-define-the-future.

Merriam-Webster.com. "Civil Engineer." Merriam-Webster.com/dictionary/civil%20engineer.

Microsoft News. "Beautiful Dams around the World." MSN.com/en-in/travel/news/beautiful-dams-around-the-world/ss-BBlPisE#image=2.

Mraz, Stephen. "10 Must-Have Skills for All Engineers." MachineDesign.com. July 21, 2017. MachineDesign.com/community/article/21835760/10-musthave-skills-for-all-engineers.

National Academy of Engineering. "Section 04 - Civil & Environmental Engineering." NAE.edu/civilengineering.aspx.

Norwegian Geotechnical Institute. "What Is Geotechnical Engineering?" NGI.NO/eng/careers/what-is-geotechnical-engineering.

Norwich University Online. "5 Innovations in Civil Engineering Aimed at Improving Sustainability." September 1, 2017. Online.Norwich.edu/academic-programs/resources/5-innovations-in-civil-engineering-aimed-at-improving-sustainability.

OnlineEngineeringDegree.org. "35 Fundamental Facts About Civil Engineering." OnlineEngineeringDegree.org/35-fundamental-facts-about-civil-engineering.

PRD Land Development Services. "5 Problems Solved by a Civil Engineer." PRD-LLC.com/post/5-problems-solved-by-a-civil-engineer.

Purdue University Construction Engineering and Management. Engineering. "What Is Construction Engineering and Management?" Purdue.edu/CEM/aboutus/what-is-cem.

Rogers, Shelby. "History's Heroes: The Most Influential Civil Engineers." InterestingEngineering.com. October 29, 2016. InterestingEngineering.com/historys-heroes-most-influential-civil-engineers.

Thomas Publishing Company. "Architectural & Civil Engineering Products." News.Thomasnet.com/news/architectural-civil-engineering.

The Times of India. "E Sreedharan." Last modified November 29, 2020. TimesOfIndia.IndiaTimes.com/topic/e-sreedharan.

Transportation Research Board of The National Academies of Sciences, Engineering, and Medicine. "Geotechnical Aspects of the Boston Central Artery/Tunnel Project, 'The Big Dig.'" TRID.TRB.org/view/826243.

US Department of Agriculture. "Vertical Farming for the Future." August 14, 2018. USDA.gov/media/blog/2018/08/14/vertical-farming-future.

Zambas, Joanna. "15 Skills Needed for a Job in Civil Engineering." CareerAddict.com. October 13, 2017. CareerAddict.com/top-10-skills-needed-for-a-job-in-civil-engineering.

Chapter 4

Career Explorer. “What Does an Electrical Engineer Do?” CareerExplorer.com/careers/electrical-engineer.

Dictionary.com. “Electrical Engineering.” Dictionary.com/browse/electrical-engineering.

Editors of Encyclopedia Britannica. “Grace Hopper.” Britannica.com. Britannica.com/biography/grace-hopper.

Engineering and Technology History Wiki. ethw.org/Archives:A_Century_of_Electricals.

Engineering Copywriter. “Famous Engineers of the 21st Century.”NewEngineer.com. June 30, 2020. NewEngineer.com/insight/famous-engineers-of-the-21st-century-1251071.

George Washington University. “What Are the Highest Demand Electrical Engineering Skills?” July 6, 2020. Engineering.GWU.edu/electrical-engineering-skills.

Khan, Imran. “Here Are Five Unique Problems Drones Are Solving Right Now.” TechInAsia.com. January 25, 2016. TechInAsia.com/5-unique-problems-drones-solving.

Lucas, Jim. “What Is Electrical Engineering?” LiveScience.com. August 27, 2014. LiveScience.com/47571-electrical-engineering.html.

McKnight, Glenn, and Alfredo Herrera. “IEEE Humanitarian Projects: OpenHardware for the Benefit of the Poorest Nations.” . December 2010. TIMReview.ca/article/401.

Mills, J. O. A. Jalil, and P. E. Stanga. “Electronic Retinal Implants and Artificial Vision: Journey and Present.” 31, no. 10 (October 2017): 1383–98. NCBI.NLM.NIH.gov/pmc/articles/PMC5639190.

Mr. Electric. "The Best Electrical Inventions in the Last 20 Years." MrElectric.com/blog/the-best-electrical-inventions-in-the-last-20-years.

Ohio University. "How Electrical Engineering Has Shaped the Modern World." OnlineMasters.Ohio.edu/blog/how-electrical-engineering-has-shaped-the-modern-world.

O'Leary, Tim. "New Touchless Electronics Products Improve Security and-Safety." LocksmithLedger.com. July 1, 2013. LocksmithLedger.com/door-hardware/article/10952085/new-touchless-electronics-products-improve-security-and-safety.

OnlineEngineeringPrograms.com. "Electrical Engineering Specializations." OnlineEngineeringPrograms.com/electrical/ee-specializations.

Reddy, B. Koti. "Recent Challenges in Electrical Engineering and the Solution-with IT." ResearchGate.net. September 2019. ResearchGate.net/publication/338412733_recent_challenges_in_electrical_engineering_and_the_solution_with_IT.

Rošer, Blaž. "10 Good Reasons to Study Electrical Engineering Abroad." MastersPortal.com. September 24, 2020. MastersPortal.com/articles/181/10-good-reasons-to-study-electrical-engineering-abroad.html.

University of New South Wales. "What Do Electrical Engineers Do?"Engineering.UNSW.edu.au/electrical-engineering/what-we-do/what-do-electrical-engineers-do.

Chapter 5

Admin. “The Many Challenges of Mechanical Engineering.” OilAndGasJobsAdvice.com. OilAndGasJobsAdvice.com/the-many-challenges-of-mechanical-engineering.

Career Explorer. “W hat Does a Mechanical Engineer Do?” CareerExplorer.com/careers/mechanical-engineer.

CollegeGrad.com. “Industrial Engineers.” CollegeGrad.com/careers/industrial-engineers.

CollegeGrad.com. “Mechanical Engineers.” CollegeGrad.com/careers/mechanical-engineers.

Columbia University Mechanical Engineering. me.columbia.edu/what-mechanical-engineering.

EducationChoices.com. educationchoices.com/Education-Articles/Engineering/Mechanical-Engineering-Salary-Career-Facts.htm.

Ergon Energy. “Benefits of Electric Vehicles.” Ergon.com.au/network/smarter-energy/electric-vehicles/benefits-of-electric-vehicles.

Florida Institute of Technology and AdAstra.fit.edu. news.fit.edu/archive/8-cool-jobs-can-get-aerospace-engineering-degree/.

Gallagher, Mary Beth. “The Race to Develop Renewable Energy Technologies.” Massachusetts Institute of Technology. December 18, 2019. News.MIT.edu/2019/race-develop-renewable-energy-technologies-1218.

Gravitricity. “Fast, Long-Life Energy Storage.” Gravitricity.com.

Honrubia, Mario. “6 Mechanical Engineering Innovations That Could Change the Industrial Game.” Ennomotive.com. Ennomotive.com/mechanical-engineering -innovations.

Institution of Mechanical Engineers. “Where Do Mechanical Engineers Work?” IMechE.org/careers-education/careers-information/what-is-mechanical-engineering/where-do-mechanical-engineers-work.

Iowa State University College of Engineering. “What Is Mechanical Engineering?” August 2, 2011. YouTube.com/watch?time_continue=10&v=IC862DXkLTA&feature=emb_logo.

Michigan Tech University. “What Is Mechanical Engineering?” MTU.edu/mechanical/engineering.

National Academy of Engineering. “Section 01—Aerospace Engineering.” NAE.edu/aerospaceengineering.aspx.

National Academy of Engineering. “Section 08—Industrial, Manufacturing & Operational Systems Engineering.” NAE.edu/Industrial.aspx.

National Academy of Engineering. “Section 10—Mechanical Engineering.” NAE.edu/mechanicalengineering.aspx.

Nevon Projects. “Water Pollution Monitoring RC Boat.” NevonProjects.com/water-pollution-monitoring-rc-boat.

The Pennsylvania State University College of Engineering. “What Is an Acoustical Engineer?” ACS.PSU.edu/academics/prospective-students/what-is-acoustics.aspx.

Penny, Janelle. “Drive HVAC Efficiency with Internet of Things Functionality.” Buildings.com. February 23, 2017. Buildings.com/news/industry-news /articleid/21020/title/drive-hvac-efficiency-with-internet-of-things -functionality.

Ranker.com. “Kalpana Chawla.” Ranker.com/review/kalpana-chawla/1344355?ref=node_name&pos=5&a=0<ype=n&l=100979&g=0.

Ranker.com. “Suhas Patankar.” Ranker.com/review/suhas-patankar/2118691?ref=node_name&pos=68&a=0<ype=n&l=100979&g=US.

Ranker.com. "Ursula Burns." Ranker.com/review/ursula-burns/2313088?ref=node_name&pos=23&a=0<ype=n&l=100979&g=0.

Ranker.com. "William Stanier." Ranker.com/review/william-stanier/2397002?ref=node_name&pos=103&a=0<ype=n&l=100979&g=US.

3DPrinting.com. "3D Printing as a Production Technology." December 13, 2019. 3DPrinting.com/3d-printing-use-cases/3d-printing-as-a-production-technology.

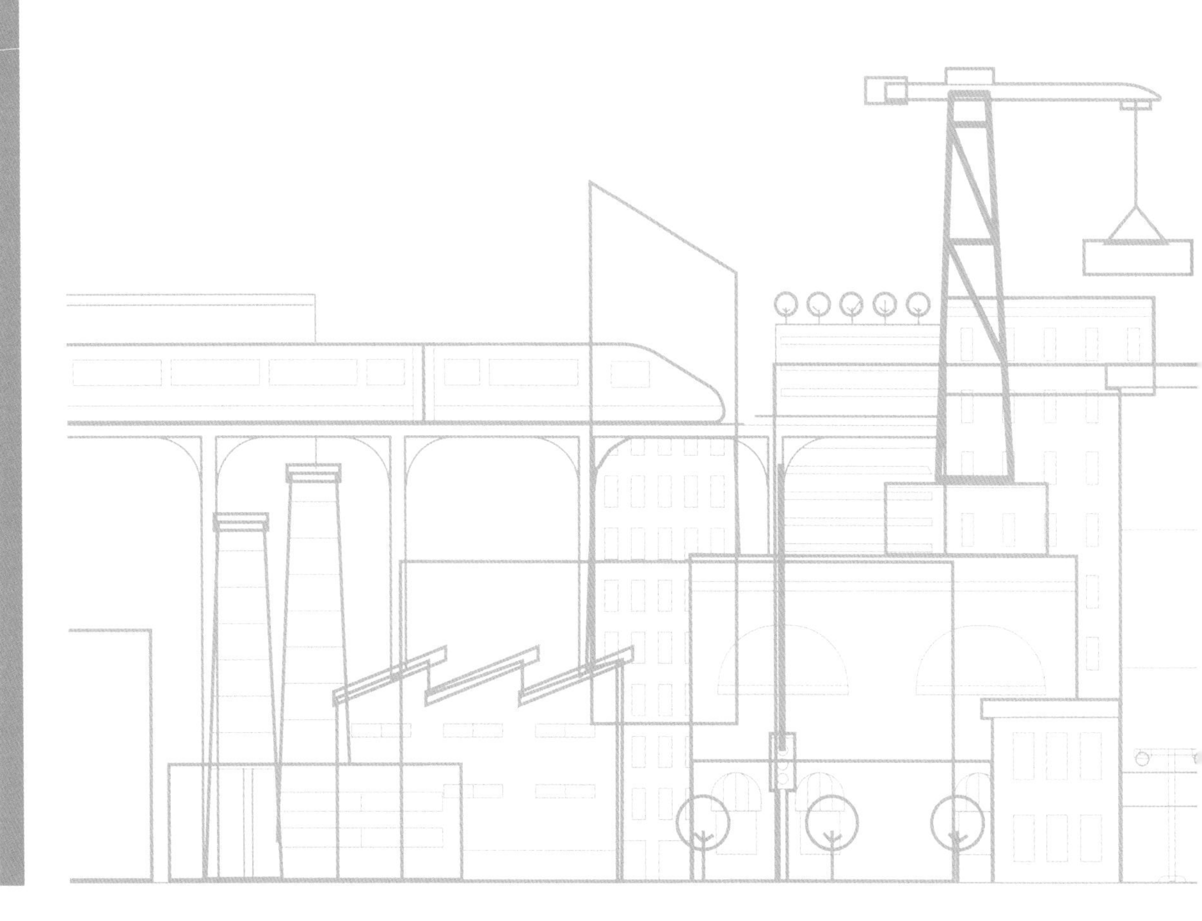

Chapter 6

Blanchard, Sarah, Justina Judy, Chandra Muller, Richard H. Crawford, Anthony J. Petrosino, Christina K. White, Fu-An Lin, and Kristin L. Wood. "Beyond Blackboards: Engaging Underserved Middle School Students in Engineering." 5, no. 1 (2015): 2. NCBI.NLM.NIH.gov/pmc/articles/PMC4459751.

BostonTechMom. "3 Tips to Prepare Your Middle Schooler for STEM Education." October 8, 2014. BostonTechMom.com/3-tips-prepare-middle-schooler-stem-education-high-school-beyond.

Degree Query. "How Do I Prepare for an Engineering Degree while in High School?" DegreeQuery.com/how-do-i-prepare-for-an-engineering-degree-while-in-high-school.

EngineerGirl. "Explore Careers." EngineerGirl.org/245/clubs-and-programs.

Engineering for Kids. "Home." EngineeringForKids.com.

MacQuarrie, Ashley. "10 Engineering Games and Apps for Kids." LearningLiftoff.com. LearningLiftoff.com/10-engineering-games-and-apps-for-kids.

Mongeau, Lillian. "How to Build an Engineer: Start Young." The Hechinger Report. January 24, 2019. HechingerReport.org/how-to-build-an-engineer-start -young.

Owlcation.com. owlcation.com/academia/Essential-Classes-to-take-in-High-School-to-Prep-for-Engineering.

Patel, Jason. "How to Prepare for an Engineering Degree While You're Still in High School." Niche. Last modified March 28, 2019. Niche.com/blog/how-to-prepare-for-your-engineering-degree-starting-in-high-school.

STEM Study. "High Schooler's Guide to Preparing for an Engineering College."-Florida Polytechnic University. STEMStudy.com/high-schoolers-guide-to-engineering-college.

TeenLife. "Engineering Summer Programs." TeenLife.com/category/summer/engineering-summer-programs.

색인

10대를 위한 **나의 첫 공학 수업**

초판 1쇄 발행 2021년 12월 3일
초판 2쇄 발행 2022년 10월 20일

지은이 패멀라 매컬리
옮긴이 김주희

펴낸이 김진규
경영지원 정동윤
책임편집 정유민
디자인 이아진

펴낸곳 ㈜시프 | 출판등록 2021년 2월 15일(제2021-000035호)
주소 경기도 고양시 덕양구 권율대로668 티오피클래식 209-2호
전화 070-7576-1412
팩스 0303-3448-3388
이메일 seepbooks@naver.com

ISBN 979-11-975638-4-3 (43560)